Web3 金融革命：

從 PRE-RWA 到 RWA 的全球資產通證化實戰

——基於合規框架、技術路徑與百大案例的數碼金融操作指南

吳大有著

作者介紹：吳大有 博士

社會身份

· 有數數字集團 CEO
· 上合組織國家多功能經貿平台數據資產綜服工委會理事長
· 國際數據管理高級研究院秘書長、全球數據要素五十人論壇主席
· 國際數據与人工智能協會（DAiMA）中國理事成員
· 亞太人工智能學會 (AAIA) 數據資產管理分會理事
· 工信部智能製造領軍人才、深圳新質生產力產業協會執行會長
· 中國數據資產國際標準化工作組專家組成員
· 聯合國 ESG 高級策略顧問專家、香港可持續發展協會 SDG 規劃師
· 工信部人工智能高級工程師、區塊鏈高級工程師
· 英國 AIA 國際會計師公會中國區終身榮譽會員

學術背景

· 香港大學中國商業學院 2022 年度傑出教師
· 英國劍橋大學創新管理博士後研究員
· 法國布雷斯特高等商學院數字化轉型博士

認證資質

- 國際數據管理專家認證 (DAMA)、美國全球創新研究院認證專家 (GIMI)
- 國際 CFA 協會 ESG 認證 (ESG)、德國史太白認證技術轉移專家 (SITTM)
- 項目管理專業人士資格認證 (PMP)、產品經理國際資格認證 (NPDP)
- 國際財務數據管理專家 (IAAP)、國際註冊信息系統審計師 (CISA)
- 六西格瑪黑帶 (SSBB)

專著成果及行業標準

- 著有《數據交易：數據價值釋放的全週期指南》《數字化轉型之雙 AI 策略》《輪擺式創新》《戰略思維》《互聯網時代的商業變革》等出版作品
- 參與起草中國數據經紀從業人員團隊標準與中國數字資產管理標準等多項標準

背景介紹

吳大有博士是全球 Web3 與現實世界資產（RWA）領域的開拓者與實踐者，現任有數數字集團 CEO、迪拜全球 RWA 孵化中心聯合發起人，並擔任上合組織國家多功能經貿平台數據資產綜服工委會（籌）理事長、國際數據管理高級研究院秘書長等職務。作為中國數碼資產國際化的戰略推動者，他首創「PRE-RWA」方案，提出以「非同質化權益」（NFR）為錨點，構建「國內合規發行 NFR+ 海外通證化 RWA」的雙軌路徑，成功打通了中國實體資產與全球數碼金融市場的連接通道。作為兼具學術深度與產業洞察力的跨界專家，吳博士堅信，RWA 的浪潮不僅是技術革新，更是全球經濟治理模式的重構契機，而中國正通過 PRE-RWA 的創新實踐，成為這一變革的引領者與規則制定者。

自序：站在價值互聯網的起點

親愛的讀者：

當你翻開這本書時，我們正站在人類金融史的轉折點。一場由區塊鏈、智能合約與現實世界資產（RWA）共同驅動的金融革命，正在重塑全球資本的流動邏輯。這不僅是一場技術革命，更是一場關於信任、效率與公平的範式轉移——資產的邊界正在消融，所有權的定義正在重寫，而參與者的門檻將被徹底打破。

為什麼這本書值得你深度閱讀？

1. 從理論到實戰的全景地圖

本書拒絕空談理想，而是以「從 PRE-RWA 到 RWA」為軸線，拆解技術堆疊、合規框架與百大案例。無論你是機構投資者、創業者，還是渴望低門檻配置全球資產的個人，書中提供的「數碼金融操作系統源代碼」——如香港 Ensemble 沙盒的合規路徑、RealT 物業代幣化模型、珠海零碳產業園的 NFR-RWA 雙軌設計——都將成為你的實戰武器。

2. 穿透監管迷霧，直擊未來趨勢

當各國監管機構仍在博弈 RWA 的紅線時，我們已深入香港、新加坡、阿聯酋的監管沙盒，提煉出「技術與合規雙螺旋進化」的策略。書中更預判 Web3 時代的三大融合：AI 驅動估值、央行數碼貨幣（CBDC）結算、多鏈互操作，這些趨勢將徹底重構金融基礎設施。

3. 百大案例的商業啟發

從協鑫能科的光伏收益權跨境融資，到中糧集團的巴西大豆供應鏈代幣化，再到畢加索畫作的碎片化 NFT 投資——每一則案例都是技術、法律與市場的精密交響。我們不僅拆解成功邏輯，更揭露失敗教訓（如預言機數據篡改風險），助你避開「價值互聯網」的暗礁。

致謝與使命

這本書的誕生，源於無數人的支持與信念。感謝我的家人，你們的包容讓我能全心投入這場金融變革；感謝黑槐資本、Hashkey 鏈、香港金融管理局等合作夥伴，你們的實踐經驗為本書注入血肉；更感謝每一位在迪拜「全球 RWA 孵化中心」並肩作戰的夥伴——我們正將沙漠中的構想，化為跨國資產流通的基石。

作為對讀者的誠意，凡預購本書者將獲贈獨家 NFT 藏品。這不僅是藝術品，更賦予你訪問線上社羣的權限，與全球 RWA 先驅深度互動。同時，我們與 ULTILAND 合作的文物 NFT 系列，也將在近期內進行鏈上確權與跨境分發模式，成為新型文物數碼化發行的先行者。

從迪拜到上海：我們的實踐足跡

在迪拜，我們與黑槐資本共建的「全球 RWA 孵化與發行中心」，正推動太陽能電站、伊斯蘭債券等多個十億級項目通證化；在國內，我們正協同文化產權交易所、各地數據交易所，以 RDA（Real Data Asset）框架實踐「數據資產 + 實物權益」的合規發行——這將是 RWA 全面落地的前哨站。

邀請你，成為新金融秩序的塑造者

Web3 金融革命的破曉時刻，屬於那些敢於擁抱技術、穿透合規迷霧、並與生態協同的參與者。無論你是想以 0.001 盎司投資倫敦金庫的黃金，還是以 400 美元持有紐約公寓的收益權，這本書都將為你揭開迷霧，提供一套可執行的全球化資產配置策略。

此刻，讓我們共同踏上這場價值互聯網的征途——因為未來，始於當下敢為人先的選擇。

吳大有
有數數字集團創始人
迪拜全球 RWA 孵化中心聯合發起人
2024 年秋於香港維港

推薦序 1：
通向 RWA 之路：在資產通證化前打通現實與鏈上的中斷點

人類的金融史，是一部關於信任機制不斷進化的歷史。從貴金屬到紙幣，從證券到數碼貨幣，每一次資產形態的變革背後，都是一次對「確權機制」與「價值流通方式」的重構。進入 Web3 時代，區塊鏈帶來的去中心化帳本、智能合約、預言機等技術革新，正以前所未有的方式重塑金融的底層邏輯。我們正在從「信息互聯網」邁入「價值互聯網」的新時代。而 RWA（現實世界資產），正是這一時代最具現實價值的橋樑。但如何從理想到落地、從技術到監管之間跨越巨大的信任鴻溝？答案或許藏在一個關鍵中間態中——PRE-RWA。

這不僅是技術過渡，更是一種制度緩衝與生態孕育機制。在本書中，PRE-RWA 被定義為「現實資產通證化的戰略前哨」——以 NFR（Non-Fungible Rights 非同質化權益）為錨點，先在數據所有權、使用權、消費權益等維度完成「類資產確權」，再通過與香港、新加坡等地的 RWA 體系進行數據映射與資產錨定，從而實現全球資本市場的順利接軌。在監管逐步開放、技術尚處演進初期的背景下，PRE-RWA 提供了一套「可落地、可合規、可連接」的中間路徑，將資產數碼化的宏偉願景穩健地推進至現實場景，從而為後續真正意義上的 RWA 做足準備。

這一機制不僅提供了一個「在岸合規、離岸落地」的操作模型，更重要的是，它為中國的數碼資產實踐提供了一種合法合規的價值表達方式。無論是珠海零碳產業園的「微風發電設備 NFR+RWA 雙軌方案」，還是「馬陸葡萄」的農業數據資產化試驗，PRE-RWA 正成為未來中國資本參與全球資產配置的重要跳板。

而在這條通往全球資產數碼化的路徑中，香港作為金融與監管創新的高地，正發揮着「樞紐平台」作用。香港的 Ensemble 計劃、穩定幣法案的通過、HashKey 等持牌交易平台的不斷發展，為 RWA 提供了成熟的落地環境。可以說，PRE-RWA 是中國語境下實現「Web3 與實體經濟融合」的一條獨特路徑。而我們——香港 Web3 金融遊學匯，正是在這場制度與技術融合的浪潮中，扮演着連接者與賦能者的角色。

作為本書的編委成員，我們並不滿足於在紙面上探討 PRE-RWA 的理論價值，而是選擇將其轉化為可學習、可參訪、可落地的實操路徑。因此，我們發起了「香港 Web3 金融遊學匯」項目，面向希望深入理解 RWA 生態的企業家、技術開發者、投資人和政策研究人員，提供一套系統化、沉浸式的學習體驗。

我們所組織的遊學團，不是一次簡單的交流行程，而是一場對 RWA 生態的「沉浸式掃描」：深度參訪 HashKey、勝利證券、RD Technologies 等多家香港科創金融標杆企業，參與閉門研討會，與香港的 Web3 頭部創業者、法律專家、監管人士面對面交流，從案例中汲取方法，從沙盒中洞察規則。學員更可以獲得項目展示與融資建議，鏈接 Web3 生態真實資源，探索合規路徑下的資產全球化解決方案。

通過這種「看得見、問得明、可落地」的學習方式，我們希望讓更多人不只是瞭解 PRE-RWA 與 RWA 的未來可能性，而是成為它的參與者與推動者。

《Web3 金融革命：從 PRE-RWA 到 RWA 的全球資產通證化實戰》一書以兼具思想深度與實操指導的結構，勾勒出了一條連接「本土創新」與「全球金融」的可行路線圖。我們相信，未來的資產通證化浪潮，不是單點爆發的技術奇跡，而是制度認知、數據基礎與市場共識三者協同演進的結果。PRE-RWA 不僅是數碼金融未來的起點，更是中國數碼資產走向世界的戰略支點。而我們願意成為這座橋樑上的佈道者與踐行者。

香港 Web3 金融遊學匯 編委會 敬上

推薦序 2：開啟價值互聯網時代的學術與實踐橋樑

當區塊鏈技術穿透金融體系的傳統邊界，我們正見證一場資產民主化的歷史性變革。吳大有先生這部《Web3 金融革命：從 PRE-RWA 到 RWA 的全球資產通證化實戰》，以罕見的全局視野將技術革命、監管博弈與商業落地熔鑄一爐，為學界與業界提供了不可多得的範式轉型指南。

1. 為何此書應成為財經教育的必讀之作？

第一，構建「技術 - 合規 - 市場」三維知識圖譜

本書跳脱純技術論述的窠臼，獨創性地以「PRE-RWA → RWA」演進框架解剖金融基礎設施重構。從香港 Ensemble 沙盒的合規密碼，到 RealT 房地產代幣化的現金流設計，再到珠海零碳產業園的 NFR-RWA 雙軌模型——這些經過驗證的實戰案例，恰是金融科技課程最鮮活的教材。

第二，預判監管與科技融合的臨界點

當全球監管機構仍在探索RWA邊界時，本書已通過香港、新加坡、阿聯酋三大金融沙盒的深度實踐，揭示「監管科技（RegTech）與通證化技術雙螺旋進化」定律。其對 RWA 3.0 時代的三大預判：AI 動態定價、CBDC 結算自動化、跨鏈互操作協議，直指金融工程學科的前沿研究方向。

第三，百大案例的學術金礦

中糧集團農產品供應鏈通證化中的信用穿透機制，畢加索 NFT 碎片化投資的權利重構邏輯，乃至預言機數據篡改的風險傳導模型——每個案例都是金融學、法學與計算機科學的交叉研究富礦。本書不僅提供商業啟示，更埋藏着亟待深挖的學術命題。

2. 致教育同仁的特別推薦

作為財經教育者，我尤為珍視書中貫穿的「實證精神」。作者團隊在迪拜 RWA 孵化中心推進的太陽能電站證券化項目，在國內協同文化產權交易所開發的 RDA（真實數據資產）框架，均以詳實數據驗證理論模型。這種「從沙漠實驗場到跨境金融基建」的實踐方法論，正是傳統金融教育亟待補全的拼圖。

致每一位金融市場的參與者：

無論你是重塑課程體系的教育者、探索論文課題的研究者，還是培育金融科技人才的決策者，本書都將成為照亮前路的探照燈。當黃金所有權可切割至 0.001 盎司，當紐約公寓收益權能以 400 美元觸達——金融民主化的浪潮已至，而駕馭浪潮的羅盤，正在您手中展開。

岑兆基
香港大學中國商業學院財金管理學科主任
金融科技創新實驗室首席顧問
2025 年春於香港

推薦序 3：
RWA 重塑資本架構的實踐指南

很高興受邀為我的好友，吳大有先生的新作《Web3 金融革命：從 PRE-RWA 到 RWA 的全球資產通證化實戰》一書作序。

黑槐資本作為一家專注於另類資產投資與數碼金融創新的投資機構，這次攜手有數科技一起在迪拜共建 [全球 RWA 孵化和發行平台]。黑槐資本始終致力於探索前沿技術與金融市場的融合，事實證明我們的選擇是正確的。近年來，我們見證了區塊鏈技術從概念驗證到規模化落地的跨越，而現實世界資產（RWA）通證化無疑是這一進程中最重要的變革之一。它不僅是傳統金融與去中心化金融（DeFi）的橋樑，更是全球資產流動性革命的核心引擎。

因此，當我讀到這本《Web3 金融革命：從 PRE-RWA 到 RWA 的全球資產通證化實戰》時，深感其價值非凡。作者以深厚的行業經驗與實戰視角，系統性地梳理了 RWA 的發展脈絡、技術框架與商業邏輯，既為初學者提供了清晰的入門路徑，也為從業者揭示了深層的行業機遇與挑戰。書中不僅剖析了 PRE-RWA 階段的探索與試錯，更通過全球案例解析了 RWA 在房地產、債券、大宗商品等領域的落地實踐，堪稱一部「RWA 實戰百科全書」。

在黑槐資本的投資實踐中，RWA 的本質是通過區塊鏈技術重構資產的確權、流通與定價方式。它並非簡單的「上鏈」，而是需要解決法律合規、資產估值、鏈上鏈下協同等一系列複雜問題。而本書恰恰抓住了這些關鍵矛盾，既有宏觀的戰略思考，又有微觀的操作指南，甚至對監管趨勢與跨鏈互操作性提出了獨到見解。這種「理論 + 實踐 + 前瞻」的立體化寫作，正是當下 RWA 領域最稀缺的內容。

我相信，無論是金融從業者、區塊鏈開發者，還是政策制定者與學術研究者，都能從本書中獲得啟發。RWA 的浪潮已至，而這本書將成為每一位參與者的重要路標。

張建榮 Tony
迪拜黑槐資本董事合夥人

推薦序 4：
以通證化之力，推動區域經濟一體化

作為上海合作組織國家多功能經貿平台的總幹事，我常年置身於歐亞大陸的經貿合作前沿，見證了跨境貿易、能源合作、供應鏈金融的複雜性與潛力。但當區塊鏈技術與現實世界資產（RWA）的浪潮襲來時，我意識到：這不僅是一場技術迭代，更是全球經濟治理模式的重構契機。

這本書，正是這場變革的「導航圖」。

為什麼 RWA 是上合組織的戰略機遇？

上合組織成員國覆蓋全球 40% 人口、25% 經濟體量，卻長期受制於跨境結算效率低、中小企業融資難、綠色資產流動性不足三大痛點。而書中揭示的 RWA 通證化路徑，恰恰為這些難題提供了破局之策：

1. 貿易融資的「數碼絲路」

例如中糧集團的巴西大豆供應鏈案例，通過區塊鏈將倉單、物流、支付全鏈條通證化，使哈薩克的農場主能以供應鏈數據為抵押，48 小時內獲得跨境融資。這種模式若複製到中俄能源貿易、中亞農產品跨境流通，將徹底改變傳統信用依賴銀行背書的邏輯。

2. 區域貨幣協同的實驗場

書中解析的香港 Ensemble 計劃，以批發型央行數碼貨幣（wCBDC）打通法幣與代幣化資產的結算壁壘，這為「上合組織跨境本幣結算體系」提供了技術範本——若能推動人民幣、盧布、盧比等貨幣的穩定幣化，區域經貿合作的交易成本將下降 60% 以上。

3. 綠色經濟的價值放大器

中亞地區的風電、光伏資源亟待資本投入，而書中珠海零碳產業園的「NFR+RWA」雙軌模式，正可將這些綠色資產的收益權拆分為可跨境流通的代幣，吸引中東主權基金、東南亞散戶等多元資本參與。

這本書為何值得決策者與實踐者深讀？

1. 穿透東西方法規鴻溝

從歐盟 MiCA 法案到香港證監會沙盒，從伊斯蘭金融的「風險共擔」原則到中國數據出境合規框架，作者以全球視野拆解 RWA 落地的「合規拼圖」。書中更獨家收錄上合組織成員國的監管對標分析，例如俄羅斯數碼金融資產法（DFA）如何適配 RWA 代幣發行。

2. 技術與商業的雙重底層邏輯

許多著作空談區塊鏈理念，此書卻直指要害：

（1）如何通過「預言機 + 物聯網」讓哈薩克棉花田的產量數據成為鏈上可信資產？

（2）如何設計「動態抵押率」智能合約，防止中亞礦產資源的價格波動引發系統性風險？

這些問題的答案，正是區域經濟數碼化轉型的「鑰匙」。

3. 危機中的風險預警

作者不避諱揭露教訓：某東南亞棕櫚油 RWA 項目因預言機數據篡改導致價值歸零；某中東房地產代幣因忽視「產權登記屬地原則」引發跨境法律糾紛……這些案例，恰為政府與企業提供了風險防控的「負面清單」。

我們的實踐與展望

上海合作組織是首個中國參與創建、以中國城市命名、當今世界幅員最廣、人口最多的區域性國際組織，始終秉持「互信、互利、平等、協商、尊重多樣文明、謀求共同發展」的「上海精神」，致力於推動成員國之間的政治、安全、經貿、人文等各領域合作，攜手應對全球性挑戰，共同探索和平發展之道。

上海合作組織國家多功能經貿平台（以下簡稱「平台」）是為深入貫徹落實習近平主席 2017 年在上海合作組織成員國元首理事會第

十七次會議上提出的「進一步採取措施，促進貿易和投資便利化，中方支持建立地方合作機制」等重要倡議和各成員國元首重要共識，在上海合作組織秘書處和重慶市委市政府支持下，由重慶兩江新區管委會、上海合作組織實業家委員會聯合打造，重慶市政府把平台建設列入市重點工作進行推動。該平台落子重慶、立足中國、輻射上合、聯動周邊、面向全球，是一個以經貿工作為核心的非營利性、多領域、多功能國際交流合作平台。目前，平台擁有國內外組織成員單位 1600 多家，行業工作委員會 27 個，累計推動上合國家間貿易額約 320 億元人民幣，對外投資近 400 億元人民幣，已發展成為服務國家開放大局，推動中國與其他上合組織國家間經貿合作和人文交流，助力地方政府招商引資，實現高質量發展、高水平開放的重要橋樑和載體。

自平台成立以來，始終堅持弘揚「上海精神」，圍繞「構建數碼經濟與傳統經濟深度融合的上合新生態」核心任務，以行業工作委員會融合多種所有制市場主體推動構建以中企「鏈主」企業為引領的上合國家產業協同創新生態，力求打通不同所有制企業之間的合作壁壘，探索建立「上合標準」，為生產力全球重新佈局奠定基礎。基於平台核心任務和運營模式，由本書作者吳大有博士及其所在單位有數數碼科技集團牽頭，正聯合國內外數據資產領域專業機構和上下游產業鏈優質生態夥伴聯合發起「上海合作組織國家多功能經貿平台數據資產綜服工作委員會」，並正在啟動「數碼駝隊」供應鏈金融平台、「綠色長城」跨境碳權交易兩大旗艦項目，屆時將在平台支持下，以成立後數據資產綜服工作委員會為載體，積極賦能工作委員會成員單位和產業生態夥伴，高質量、高水準服務中企「出海」，助力實現數據資產化，打造更多獨具上合特色的「數實融合」標誌性成果。

1.「數碼駝隊」供應鏈金融平台

以中歐班列沿線倉儲資產為底層，通過 RWA 通證化發行物流收益權憑證，首期試點已連接西安國際港、莫斯科物流樞紐與伊朗鐵路樞紐，目標將中亞過境貿易的融資成本降低 40%。

2.「綠色長城」跨境碳權交易

將蒙古國風電、烏茲別克光伏項目的碳權收益轉化為錨定人民幣的穩定幣資產，首個試點項目已吸引阿布達比主權基金參與，推動上合組織成為歐亞大陸的「碳金融樞紐」。

致變革者：擁抱通證化，重塑歐亞大陸經濟版圖

這本書的價值，在於它既是技術手冊，更是戰略指南。當你讀到「預言機數據錨定」「SPV 跨境架構」這些術語時，請將其映射到烏茲別克的天然氣田、白俄羅斯的工業園區、巴基斯坦的港口特許權——通證化，將讓這些沉澱資產轉化為區域發展的新動能。

我誠摯推薦各國政策制定者、企業家、金融機構將此書置於案頭。因為未來的歐亞大陸經貿合作，必屬於那些能駕馭 RWA 技術、穿透合規迷霧、並與生態共建的先行者。

胡開強
上海合作組織國家多功能經貿平台總幹事
2025 年夏於重慶

推薦序 5：鏈接世界共識，共創價值體系

世間萬象，俱藏靈光；惟觀者慧，方照其芒。

在這個時代，真正值得探尋的，不是沉睡的礦脈，而是每個人心中潛藏的創意之光。

我是李瑾，曾執導央視《非常六加一》、湖南衛視《音樂不斷歌友會》，推動《中國喜劇星》在短週期內實現 1.5 億元製作規模，深度參與「超級女聲」「歡樂喜劇人」等現象級文化 IP；任旅遊衛視時尚部總製片人期間，創辦《第一時尚》、《藝文中國》等欄目。今作為「香港之美文化」創始人，獲紫荊文化、HashKey Group 與 G70 家辦協力支持，致力於推動藝文 IP 的 Web3 躍遷。

欣然為此書執筆作序，誠為幸事！

吳大有博士，身兼實業家之鋭、學者之思與踐行者之志，始終立於科技與思想的交匯點。從數據治理到金融數智化，從 AI 賦能到區塊鏈機制設計，吳博士以體系化的邏輯與深厚的實戰經驗，為我們描摹出一幅由 PRE-RWA 邁向全球資產通證化的宏圖藍卷。

有幸與吳博士同懷初心——讓每一個人的思想、IP 與表達，皆有機會鏈接世界共識。從藝術到文本，從靈感到項目，每一分創意皆可上鏈，每一次傳播必有迴響。創意者不再孤懸一隅，而是彼此交織的節點；平台不再高坐中樞，而是自由遠航的起錨之地。

有人説，比特幣的偉力不止於其技術，更在於其背後那場關於舊金融秩序的哲學反叩。中本聰大隱於區塊之幽，喚醒了共識之潮。而今，在一個身份虛化、信息激蕩、未來感稀薄的年代，年輕人以音符、畫作、通證與代碼，用一種近乎「浪漫主義」的熱忱，構築屬於新世代的定價體系，讓人由衷嘆服：此者，可追尋；彼者，可信仰。

今日，我們正行於「From Every Land to Ultiland」的路上——從一念萌生，到鏈上流轉，我們共同打造一個全球創作者的價值系統：創意即資產，傳播即產能，交互即身份。而挖礦，或不再是隆隆的機房轟鳴，而是案牘之間潺潺的靈感本身。

願此書，成為你我共赴數碼文明之旅的鑰匙；願你在其字裏行間，看見一個時代的覺醒，攜眾光入塵，見諸象有靈，聚四海萬物，鑄一方無垠。

李瑾

香港之美文化傳播有限公司 CEO

推薦序 6：數據治理——RWA 通證化的基石

當全球資產通證化的浪潮席捲而來，我們清晰地看到：現實世界資產（RWA）的價值錨定，本質是數據可信性的終極博弈。作為 DAMA（國際數據管理協會）在中國的實踐者，我見證過無數數碼化轉型項目因數據治理缺位而折戟沉沙。而這本書，正是破解 RWA 落地核心難題的密鑰——它首次系統性地構建了「資產 - 數據 - 信任」的三維映射框架，為數據驅動的新金融範式提供了可落地的治理藍圖。

為什麼 RWA 是數據治理的「黃金場景」？

本書揭示的三大趨勢直擊數據治理核心痛點：

1. 數據確權決定資產主權

書中珠海零碳產業園的「NFR-RWA 雙軌設計」，正是通過物聯網感測器即時捕獲碳減排數據，並基於符合 GDPR/《數據安全法》的治理框架完成鏈上確權。這種「物理資產→數據資產→通證權益」的轉化邏輯，恰是 DAMA 倡導的數據全生命週期治理的典範。

2. 預言機風險的本質是數據品質危機

作者揭露的東南亞棕櫚油項目崩盤案例，實則是因溫濕度感測器數據被惡意篡改導致抵押品估值失真。本書提出的「動態數據驗證三層架構」（鏈下 IoT+ 鏈上預言機 + 法律實體審計）與 DAMA 的數據品質管理理念高度契合，為 RWA 提供了防篡改的數據通道。

3. 合規性即數據主權博弈

從香港 Ensemble 沙盒到上合組織「數碼駝隊」平台，本書破解了跨境數據流動的合規密碼。其提出的「監管沙盒內嵌數據護照」機制（如中歐班列倉儲數據經脱敏後跨境通證化），正是對《中國數據出境安全評估辦法》的前瞻性實踐。

本書如何賦能數據治理者？

- 重構數據資產估值體系

書中 AI 驅動的 RWA 估值模型（如畢加索畫作碎片化定價），首次將非結構化數據（藝術品光譜分析、市場情緒數據）納入估值因數，這與 DAMA 正在推進的非結構化數據資產化標準形成戰略共振。

- 建立 RWA 數據治理「負清單」

作者總結的七大失敗案例（如中東房產產權登記衝突），本質是數據主權歸屬錯位。本書提煉的 「屬地化元數據標注規則」，為跨國資產通證化提供了數據確權的最小可行單元（MVU）。

- 啟動沉默數據資產

「綠色長城」碳權交易案例中，蒙古國風電項目的電網接入率、日照強度等歷史運維數據，通過符合 ISO 8000 標準的清洗後成為信用增強工具——這恰印證了 DAMA 的核心理念：高質量數據是比黃金更稀缺的資產。

致數據價值的守護者

當算力成為新生產力、數據成為新石油，本書揭示的真理愈發清晰：沒有嚴謹的數據治理，就沒有真正的資產通證化。我誠摯呼籲所有數據從業者、金融機構與監管機構：請將本書置於案頭——它既是穿透通證經濟迷霧的探照燈，更是打開萬億美元級 RWA 市場的密碼本。因為未來十年全球金融的競爭，終將歸於數據治理能力的競爭。

馬歡
國際數據和人工智能管理協會主席
2025 年春於上海

推薦序 7：
RWA 變局中的必備案頭書

我們正身處一個被深刻定義的「百年未有之大變局」時代。過往的經驗範式與認知座標正經歷着前所未有的顛覆與重構。如何在「大危」之中洞見並把握「大機」？

吳大有教授所著《Web3 金融革命：從 PRE-RWA 到 RWA 全球資產通證化實戰》：

1. 高屋建瓴，洞穿本質：清晰勾勒 Web3 金融革命的核心脈絡，從底層概念到頂層邏輯，精准把握 RWA 通證化的歷史必然性與未來圖景。

2. 體系完備，知行合一：構建了從理論根基到實踐路徑的完整知識體系，將前沿趨勢轉化為可理解、可操作的實戰指南，彌合認知與實踐的鴻溝。

3. 言簡意賅，邏輯分明：以深厚的專業功底與精煉的文字表達，去蕪存菁，直擊要害，為讀者提供高效的知識獲取與決策參考。

此書乃企業家、投資者及所有關注財富未來形態的先行者，在變局中辨識機遇、規避風險、構建新競爭優勢的「必備案頭書」。

蔣鯤
成都市科技金融協會會長

目錄

第一篇：

基礎概念與演進路徑

第一章
Web3 與數碼金融新基建

1.1. 區塊鏈、智能合約與 DeFi 的顛覆性力量

1.1.1. 區塊鏈：信任機器與價值互聯網的基石

隨着信息技術的飛速發展，區塊鏈技術作為一種分佈式帳本技術，因其去中心化、不可篡改、透明度高、安全性強等特性，逐漸成為全球範圍內備受關注的技術創新領域。近年來，中國區塊鏈市場規模持續擴大。根據中研普華產業研究院的《2024-2029 年區塊鏈產業現狀及未來發展趨勢分析報告》分析，2019 年中國區塊鏈市場規模已達到 43.8 億元人民幣，同比增長超過 90%。隨着市場逐漸進入理性調整期，2023 年中國區塊鏈市場規模約為 60 億元，同比下滑 10.5%。儘管如此，區塊鏈企業規模仍呈增長趨勢，市場對新技術和新應用的需求依然旺盛。據統計，截至 2023 年，國內現存區塊鏈相關企業達到 22.68 萬家，2023 年全年註冊 6.33 萬家，同比增長 21.18%。

區塊鏈產業鏈豐富，上游為基礎層與平台層，包括數據存儲、預處理和對等傳輸，以及智能合約、帳本、節點管理、狀態監測等；中游為界面層展示與交互層下游是應用層，以及週邊的運營與監管產業。數據存儲行業為區塊鏈的應用提供了基礎和支持，促進了區塊鏈技術的廣泛應用。2022 年，中國數據存儲市場規模達到 6400 億元左右，同比增長 6.96%。

區塊鏈本質是由時間戳串聯的鏈式數據結構，每個區塊包含交易數據、時間戳和前序區塊的哈希值，形成環環相扣的加密驗證體系。不同於傳統中心化資料庫的單點控制模式，區塊鏈網絡中的每個節點

都保存完整帳本副本，通過共識算法實現多節點間的決策同步，徹底消除對中介機構的依賴。這種設計使得任何單點故障或惡意攻擊都無法破壞系統整體完整性，例如比特幣網絡運行至今未發生核心數據篡改事件，印證了其安全機制的可靠性。這一前沿技術的誕生，標誌着人類社會對「信任」的認知發生了根本性變革。在傳統金融體系中，銀行、交易所、清算所等中心化機構長期扮演着「信任中介」的角色，它們通過集中化的帳本記錄交易，確保交易的合法性和不可篡改性。然而，這種模式存在諸多缺陷：高昂的交易成本、緩慢的跨境支付流程、信息不對稱導致的市場操縱風險，以及中心化機構可能的道德風險。區塊鏈技術通過分佈式帳本、共識機制和密碼學算法，徹底重構了信任的底層邏輯，實現了「無需信任第三方」的價值轉移與記錄。

區塊鏈的核心在於其「去中心化帳本」特性。所有交易記錄被分割存儲在全球分佈的節點網絡中，每個節點都保存完整的帳本副本。這種設計使得任何單點篡改數據的行為幾乎不可能實現——攻擊者需要同時控制超過 51% 的節點才能修改數據，而這樣的成本在比特幣或以太坊等大型網絡中是天文數碼。例如，比特幣網絡的算力總和已超過全球所有超級電腦的總和，其帳本的不可篡改性因此被視為「數碼黃金」。

區塊鏈的「透明性與可追溯性」為資產溯源提供了技術基礎。每一筆交易的歷史均可被追溯，這一特性在供應鏈金融、藝術品真偽驗證等領域展現出巨大潛力。例如，IBM Food Trust 平台利用區塊鏈技術追蹤食品從農場到超市的全流程，消費者通過掃描二維碼即可查看產品的產地、運輸溫度、質檢報告等數據，極大提升了供應鏈的透明度與安全性。

「無需許可的參與」則是區塊鏈對傳統金融體系的另一重顛覆。

傳統金融體系中，銀行帳戶、跨境支付、證券發行等服務往往受限於地域、信用評級或資本門檻。而在區塊鏈網絡中，任何節點均可加入網絡，用戶只需持有加密錢包即可參與全球化的價值交換。以非洲的 M-Pesa 為例，該移動支付系統通過區塊鏈技術為數百萬無銀行帳戶的用戶提供基礎金融服務，打破了傳統銀行的准入壁壘，成為新興市場普惠金融的典範。

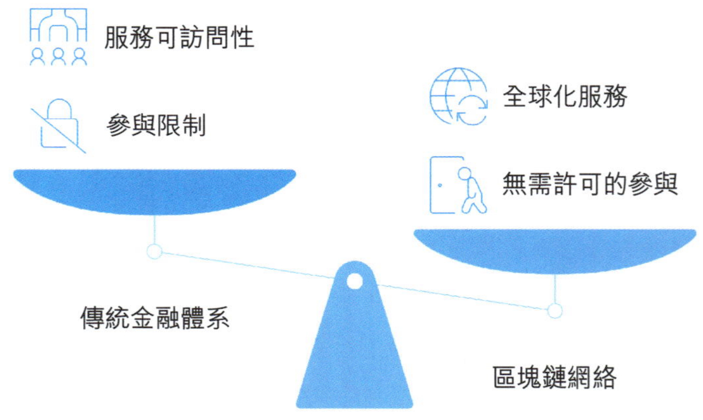

區塊鏈打破了傳統金融的壁壘

以比特幣為例，其區塊鏈網絡支撐了全球首個去中心化數碼貨幣的流通。比特幣網絡通過工作量證明（PoW）共識機制，確保所有交易記錄的不可篡改性。而以太坊的出現，則進一步將區塊鏈從「價值傳輸」擴展到「智能合約執行」。以太坊的圖靈完備智能合約功能，使得開發者能夠編寫複雜的金融協議代碼，為去中心化金融（DeFi）和現實世界資產（RWA）的通證化奠定了技術基礎。

1.1.2. 智能合約：自動執行的金融協議革命

智能合約作為區塊鏈技術的核心創新，正在從單純的金融協議執行工具演變為數碼經濟的基礎設施。這項技術通過將契約條款轉化為可編程代碼，實現了「條件觸發 - 自動執行 - 鏈上存證」的閉環流程，不僅在金融領域引發革命性變革，更深度滲透至社會治理、供應鏈管理、數碼身份等多元場景。智能合約的核心價值在於其「自動化與確定性」。例如，在 Compound 借貸協議中，當用戶抵押 ETH（以太幣）作為擔保品時，智能合約會自動計算抵押率併發放貸款，無需人工審核或信任第三方中介。這一過程不僅節省了傳統金融機構的中介費用，還將交易時間從數天縮短至數秒。

智能合約的本質是基於圖靈完備編程語言的數碼化契約執行引擎。相較於傳統法律契約依賴人工解釋與強制執行的滯後性，智能合約通過區塊鏈網絡的共識機制實現「代碼即仲裁者」的確定性執行。這一特性在 2025 年取得突破性進化：以太坊的 Cairo 語言支持零知識證明的原生集成，使得合約既能保持執行透明又可保護隱私數據；而 Solana 的並行執行架構則將交易吞吐量提升至每秒 65,000 筆，較 2021 年提升 300 倍。

智能合約的「降低摩擦成本」特性，徹底改變了傳統金融的運作方式。以跨境支付為例，傳統銀行需通過 SWIFT 系統完成清算，涉及多層中間機構、複雜的合規審查和高昂的手續費（通常為 3%-5%），且耗時 3-5 個工作日。而基於區塊鏈的跨境支付（如 Ripple 的 XRP 網絡）通過智能合約自動驗證身份、匯率和合規性，將成本降至 0.3% 以下，結算時間縮短至數秒。

智能合約的「可組合性」（Composability）則催生了金融產品的創新浪潮。開發者可以像「樂高積木」般組合不同的智能合約模組，構建複雜的金融產品。例如，Yearn.Finance 通過整合 Compound、Uniswap 等 DeFi 協議，為用戶提供了自動化的收益聚合服務：用戶只需質押資產，智能合約會即時計算各協議的收益率，並將資金自動分配至收益最高的流動性池。這種「模組化金融」模式，使得金融產品的開發效率呈指數級提升。

智能合約正在重塑全球產業鏈的協作方式。沃爾瑪採用的 Food Trust 2.0 系統，通過 IoT 設備即時採集冷鏈數據並觸發智能合約，實現三大創新：

① 自動化結算：當貨物溫度超出閾值時，合約自動扣除保證金並啟動保險理賠，將糾紛處理週期從 45 天壓縮至 3 分鐘。

② 動態許可權管理：採用 Hyperledger Fabric 的層級化訪問控制模型，供應商、物流商、零售商按預設規則分級獲取數據，數據洩露風險降低 83%。

③ 碳足跡追蹤：每個生產環節的碳排放數據即時上鏈，合約自動計算碳稅並生成可交易憑證，助力歐盟碳邊境調節機制（CBAM）實施。

在公共服務領域，智能合約展現出獨特的制度創新價值。上海靜安區司法局推出的 "FAPUPU" 普法平台，通過「學習 - 積分 - 兑換」智能合約體系實現多重突破。

① 行為激勵：用戶學法行為經零知識證明驗證後生成鏈上數碼勳章，積分可兑換限量 NFT 文創產品，青少年普法參與率提升至 76%。

② 過程存證：所有學習記錄採用分段哈希上鏈技術，司法部門可通過核驗學習過程的真實性，為「守法信用積分」體系提供技術支撐。

③ 資源分配：合約自動將政府普法預算按學習成效分配給內容創作者，形成正向激勵機制，優質普法視頻產量同比增加 3 倍。

然而，智能合約的「代碼即法律」特性也帶來了風險。2021 年 Poly Network 攻擊事件中，攻擊者通過利用智能合約的跨鏈橋漏洞，竊取了價值 6 億美元的加密資產。這一事件暴露了智能合約的致命缺陷：一旦代碼存在漏洞，損失可能瞬間發生且無法逆轉。為應對這一挑戰，開發者開始採用形式化驗證、模組化設計和開源審計等手段提升安全性。例如，以太坊基金會資助的「形式化驗證工具」可系統性地檢測代碼漏洞，而模組化設計（如將核心邏輯與外部接口分離）則降低了攻擊面。

從自動執行的金融協議到支撐社會治理的數碼基座，這項技術已突破工具屬性，演變為數碼文明的新型制度載體。當前正處於「代碼法治化」與「法律代碼化」的雙向奔赴階段，唯有技術創新與制度建構同頻共振，才能實現智能合約向「智能文明契約」的終極躍遷。

1.1.3. DeFi：開放金融的範式突破

去中心化金融（DeFi）正在從一場技術實驗演變為數碼經濟時代的核心金融基礎設施。這一領域通過區塊鏈技術與智能合約的結合，不僅實現了金融服務的去中介化，更以開放協議重構了價值流動的底層邏輯，重塑了借貸、交易、保險等傳統金融場景，其核心顛覆性在於零門檻准入、透明化與公平性、流動性挖礦與收益最大化。

在傳統金融體系中，借貸服務通常受限於銀行的信用評分和抵押要求。例如，中小企業可能因無法提供抵押物而難以獲得貸款。而 DeFi 協議（如 Compound、Aave）通過智能合約實現「算法化借貸」：用戶只需抵押加密資產（如 ETH、BTC），即可按即時市場利率借出穩定幣（如 DAI）。這一模式打破了金融壟斷，使得全球任何持有加密錢包的用戶均可參與，無需銀行帳戶或信用評分。

DeFi 的「透明化與公平性」則通過開源代碼和鏈上數據實現。所有協議規則、交易記錄和資金流向均對公眾開放，用戶可即時驗證代碼邏輯和資金池狀態。例如，Uniswap 的流動性池數據完全公開，用戶可查看每筆交易的滑點、手續費分配和流動性提供者收益。這種透明度消除了信息不對稱，減少了傳統金融中的「黑箱操作」風險。

「流動性挖礦」是 DeFi 特有的創新機制。用戶通過質押資產至協議池，可獲得代幣獎勵（如 UNI、AAVE），這激勵了資本的高效配置。例如，Yearn.Finance 通過流動性挖礦吸引數十億美元資金，構建了自動化收益聚合網絡，用戶年化收益可達傳統銀行收益的數十倍。

DeFi 的顛覆性力量體現在三個方面：

① 打破金融壟斷：傳統金融機構通過牌照和資本壁壘控制市場，而 DeFi 協議通過開源代碼和社區治理實現「代碼即服務」。

例如，MakerDAO 通過去中心化自治組織（DAO）由社區投票決定抵押率和穩定費，而非依賴管理層決策。

② 重構定價權：市場供需直接決定利率、匯率等參數，而非中心化機構。例如，Uniswap 的自動做市商（AMM）模型通過流動性池的供需關係動態定價，無需依賴交易所或做市商。

③ 全球化即時清算：區塊鏈的去中心化特性使得跨境支付可在數秒內完成，且成本趨近於零。例如，使用 Layer2 擴容技術（如 Polygon）的跨鏈轉賬，手續費可低至 0.01 美元，而結算時間縮短至數秒。

以 Uniswap 與傳統交易所的對比為例：

① 傳統交易所：用戶需通過 KYC 審核開戶，交易需支付手續費，資金託管於中心化平台，存在單點故障風險。

② Uniswap（DeFi 交易所）：用戶直接與流動性池交互，無需信任第三方，滑點和手續費由算法動態調整，且資金始終由用戶控制。例如，2020 年 Uniswap 的交易量一度超越傳統交易所 Coinbase，成為 DeFi 崛起的標誌性事件。

Uniswap 與傳統交易所對比表

交易所類型	特點	資金管理	費用	安全風險
傳統交易所	用戶需通過 KYC 審核開戶	資金託管於中心化平台	交易需支付手續費	存在單點故障風險
Uniswap（DeFi 交易所）	用戶直接與流動性池交互，無需信任第三方	資金始終由用戶控制	滑點和手續費由算法動態調整	-

1.1.4. 技術融合：從 DeFi 到 RWA 的必然路徑

區塊鏈技術的演進正在推動一場深層次的金融範式革命，其核心在於將去中心化金融（DeFi）的邏輯延伸至現實世界資產（Real World Assets, RWA）的數碼化重構。這一進程不僅涉及技術架構的突破，更承載着制度創新、價值流動與全球協作的重構使命。截至 2025 年，全球 RWA 代幣化市場規模已突破 500 億美元，且以年均 300% 的增速擴張，其背後是區塊鏈、智能合約與預言機技術的深度融合，以及監管框架與市場認知的持續迭代。

RWA 通證化的本質是將物理世界的價值錨定轉化為可編程的鏈上權益憑證，這一過程依賴三重技術架構的協同進化。在資產確權層面，Chainlink 的儲備證明協議與螞蟻數科的可信數據空間技術，通過物聯網設備即時採集並加密傳輸資產狀態數據。例如，沃爾瑪的 Food Trust 2.0 系統通過冷鏈感測器將生鮮運輸溫度數據上鏈，觸發智能合約自動執行保險賠付與供應商結算，將傳統供應鏈糾紛處理週期從 45 天壓縮至 3 分鐘。香港金管局的 Ensemble 監管沙盒則更進一步，允許房地產租金收益通過 Polygon 鏈上的動態 NFT 分配，投資者持有的每個代幣對應特定房間的收益權，並通過零知識證明技術驗證租客隱私數據。

DeFi 協議正從簡單的資金池向複雜金融工程演進。Aave V4 引入機器學習驅動的利率曲線模型，即時分析鏈上借貸需求與抵押品分佈，將利差波動率降低 62%。這種動態定價能力為 RWA 代幣提供了與傳統 REITs 截然不同的流動性機制——以貝萊德發行的 BUIDL 代幣化國債基金為例，其通過 Uniswap V4 的 "Hooks" 功能定制滑點曲線，在保持每日 4.5% 年化收益的同時，實現單日最高 39 億美元的交易量，流動性深度超越同期美國國債 ETF 市場。更革命性的是 T Protocol 這類混合型協議，其將美債代幣嵌入期權合約，允許投資者在 Curve 池中同時進行固定收益投資與波動率對沖，開創了「收益 + 風險」的複合流動性模式。

智能合約正從被動遵循監管轉向主動嵌入合規邏輯。摩根大通 Onyx Digital Treasury 系統通過法律條款解析模組，將 200+ 司法管轄區的監管要求編碼為可執行代碼。在跨境房地產交易中，該系統可自動識別買方所在國的外資持股限制、稅務申報閾值等規則，即時調整代幣轉讓條件。歐盟 MiCA 法案的落地則催生了新型監管科技——德國 Bundeschain 項目通過監管節點直連企業 ERP 系統，實現增值稅發票的鏈上同步核驗，將跨境貿易合規成本降低 75%。這種「合規即服務」（Compliance-as-a-Service）模式，正在消解傳統金融中中介機構的壟斷地位。

技術融合的典型案例是滙豐銀行的黃金代幣化項目。該行將實物黃金分割為 0.001 盎司的代幣，通過預言機獲取倫敦金庫的庫存數據，智能合約自動執行交易和清算。用戶可通過數碼錢包持有黃金權益，流動性通過 Uniswap 等 DeFi 協議實現，而合規性則通過鏈上審計日誌滿足監管要求。

1.1.5. 顛覆性力量的爭議與挑戰

1. 監管範式的動態博弈

2025 年 Ripple 與 SEC 達成歷史性和解，標誌着監管邏輯從「一刀切」向「場景化區分」轉變。紐約南區法院在判決中確立「四維監管框架」：根據資產用途（支付 / 投資）、持有者身份（機構 / 散戶）、流通場景（一級 / 二級市場）及治理權歸屬，動態判定代幣屬性。這種柔性監管催生了新型合規工具——新加坡金管局推出的「監管沙盒

2.0」允許項目方通過 AI 模擬測試不同司法轄區的合規路徑，自動生成適配多國法律的智能合約範本，將法律盡調週期從 3 個月縮短至 72 小時。但矛盾依然存在：歐盟 MiCA 法案要求穩定幣發行方持有 1:1 歐元儲備，這與 MakerDAO 通過 RWA 抵押生成 DAI 的模式產生直接衝突，迫使後者將 30% 的抵押資產置換為歐元區國債。

2. 技術風險的攻防演進

跨鏈橋安全已成為 RWA 生態的阿喀琉斯之踵。2025 年 UPCX 跨鏈橋遭「雙橋聯動攻擊」，駭客利用 IBC 協議與 Cosmos 鏈的共識時差，通過偽造區塊頭盜取 7000 萬美元資產。行業應對方案呈現三個方向：其一，ZK-Bridge 採用零知識證明驗證跨鏈消息有效性，將攻擊面縮小 83%；其二，Astar Network 引入量子抗性簽名算法，使密鑰管理系統可抵禦 Shor 算法的破解；其三，監管科技公司 Chainalysis 開發「鏈上熔斷系統」，當異常交易特徵觸發風控模型時，可自動凍結資產並啟動保險賠付。但深層問題在於，RWA 的鏈下資產錨定仍依賴中心化託管方，2024 年 FTX 崩盤導致 13 億美元房地產代幣無法贖回的案例，暴露出「去中心化表像下的中心化風險」。

3. 市場穩定性的悖論破解

RWA 本應為加密市場引入穩定性資產，但其估值仍受加密原生資產波動傳遞。2025 年 4 月比特幣價格單日暴跌 18%，引發以 WBTC 為抵押的 RWA 借貸協議連鎖清算，造成 23 億美元鏈上資產減記。行業正在構建新型衡機制：Ondo Finance 推出「波動率互換代幣」，允許投資者通過持有 OUSG 代幣做空比特幣期貨，將 RWA 組合的 Beta 值降低至 0.3 以下。更根本的解決方案來自底層資產革新——上海數據交易所發行的馬陸葡萄數據資產憑證，通過將農產品種植、流通數據代幣化，創造出與加密市場相關性係數僅為 0.07 的新型避險資產。

4. 認知鴻溝的彌合路徑

「代碼即法律」的理想遭遇現實認知壁壘。調查顯示，僅 29% 的 RWA 投資者能理解智能合約中的形式化驗證報告，而 51% 的機構依賴第三方「代碼翻譯服務」。教育範式正在發生轉變：深圳司法局推出的 "FAPUPU" 普法平台，通過互動式智能合約模擬器，讓用戶親身參與 DAO 治理投票、漏洞攻擊實驗等場景，將法律與代碼的認知融合度提升 40%。與此同時，北大開發的 ContractGPT 系統，可將自然語言法律條款自動轉化為 Solidity 代碼，並在復旦大學測試中實現 98.7% 的司法意圖匹配度。

1.1.6. 結論

RWA 的終極意義不在於資產上鏈的技術實現，而在於構建新型社會契約。當房地產收益權通過 DAO 投票重新分配，當碳信用交易通過預言機連接全球衛星監測網絡，區塊鏈技術正在創造「可編程的資本主義」。技術融合的終局，不是 DeFi 與 TradFi 的替代關係，而是通過 RWA 構建起連通虛擬與實體、代碼與法律、個體與全球的新型價值互聯網。區塊鏈、智能合約與 DeFi 的結合，已從「技術實驗」進化為「金融基礎設施」。它們不僅重塑了支付、借貸、交易等傳統場景，更為 RWA 通證化提供了底層邏輯——透過技術手段將現實世界的資產所有權、收益權、使用權轉化為可編程、可分割、可流通的數碼權益。下一階段的挑戰在於如何在技術成熟度、合規框架與市場接受度之間找到平衡，真正實現「全球資產通證化」的願景。

1.2. 從 NFT 到 RWA：數碼資產的演進邏輯

數碼資產的演進史，本質上是人類對「價值」表達方式的持續突破。從比特幣的「數碼黃金」到 NFT 的「數碼所有權」，再到 RWA 的「現實資產通證化」，每一次技術迭代都在拓展「價值互聯網」的邊界。這一演進不僅是技術的升級，更是對傳統金融體系中「資產確權」「流動性」「可分割性」三大痛點的系統性回應。

1.2.1. NFT：數碼世界的「所有權革命」

非同質化代幣（NFT）的誕生，標誌着人類社會對「價值表達」的認知從「同質化」邁向「唯一性」的關鍵轉折。在比特幣等加密貨幣主導的早期階段，數碼資產的價值主要依賴於其總量的稀缺性（如比特幣的 2100 萬枚上限）。而 NFT 的出現，通過區塊鏈技術賦予每個數碼資產獨一無二的標識符，徹底解決了「數碼複製」帶來的所有權模糊問題。

NFT 的核心價值在於其對「數碼稀缺性」的革命性詮釋。藝術家 Beeple 的 NFT 作品《每一天：前 5000 天》在 2021 年以 6,930 萬美元成交，這一事件不僅揭示了數碼藝術的市場潛力，更驗證了 NFT 作為確權工具的技術可靠性。2024 年，這一價值邏輯進一步昇華——南京德基藝術博物館舉辦的「Beeple：來自人造未來的故事」展覽，通過將 NFT 作品與衍生油畫並置，呈現了數碼所有權與物理載體的共生關係。展覽中《每一天》系列的 6,400 餘件作品通過環形巨幕實時流轉，其所有權證明鏈上可查，觀眾可通過掃描二維碼驗證每一幀畫面的唯一性，這種「虛實融合」的展陳方式使 NFT 從交易標的物轉變為文化現象。

技術突破催生了 NFT 的跨場景應用。The Sandbox 等虛擬世界繼承了 OpenSea 等交易平台的流動性池模型，其用戶可將購買的數碼藝術品跨鏈導入元宇宙空間，作為虛擬建築的裝飾或社交身份的象徵。更深刻的變革發生在遊戲領域：2025 年 4 月，Solana 鏈上的 NFT 遊戲《Forgotten Runiverse》成為首個登陸 PlayStation、Xbox 和任天堂主機的 Web3 遊戲，玩家持有的 NFT 武器可在 PC 與主機平台間無縫遷移，其屬性數據通過 ZK-Rollups 技術實現跨鏈驗證。這種「主權可攜性」重新定義了數碼資產的邊界——NFT 不再是封閉生態的孤島，而是用戶跨平台構建數碼身份的基礎元件。

商業模式的創新進一步釋放 NFT 的生產力。2025 年初，Intentions 2025 NFT 活動通過嵌入 Across 協議的跨鏈 SDK，實現了「鑄造即支付」的革命性體驗：用戶在 Base 鏈鑄造 NFT 時，可直接使用 Polygon 或 Arbitrum 鏈上的資產支付 Gas 費，無需手動跨鏈操作。技術實現上，開發者通過通用多重調用合約將資產橋接與 NFT 鑄造批處理為單筆交易，使得 1,565 位用戶在 3 天內完成 2,793 次無縫鑄造，平均交易成本降至 0.0001 ETH。這種「無橋接」體驗標誌着 NFT 基礎設施的成熟，正如活動策展人所述：「未來的 NFT 將如同電子郵件發送附件般自然，技術複雜性將隱藏於用戶體驗之後。」

然而，NFT 的局限性在市場週期中逐漸顯現。2024 年，美國 SEC 對 OpenSea 發出 Wells 通知，質疑其平台上部分 NFT 是否符合「投資合同」定義，要求遵守證券法規。此事件引發連鎖反應：耐克旗下 RTFKT 項目宣佈停止運營，Immutable 等平台退出 NFT 市場，合規成本成為行業分水嶺。更深層的矛盾在於價值錨定機制的缺失——2025 年 3 月，某頭像類 NFT 系列因創始團隊拋售導致價格單日暴跌 67%，暴露出純粹社區共識支撐的脆弱性。對此，行業探索出兩條突圍路徑：一是將 NFT 與現實權益綁定，如歐萊雅推出的「數碼香水」NFT 可兑換實體限量版產品；二是通過 AI 增強功能性，OpenAI 與 Art Blocks 合作開發的 ContractGPT 系統可根據 NFT 元數據生成互動敘事，使靜態藏品升級為「可對話的數碼生命體」。

1.2.2. 從 NFT 到 RWA：價值錨定的範式遷移

NFT 的誕生解決了數碼資產確權的核心問題，但其價值邏輯始終面臨一個根本性矛盾：價值來源的虛擬性。NFT 的稀缺性依賴於社區共識和市場情緒，而非實體資產的運營收益。這種「共識驅動」的價值模型在牛市中能快速積累財富，卻在市場週期波動中暴露脆弱性——當共識破裂時，價值體系便可能瞬間崩塌。而 RWA 的出現，本質上是對這一矛盾的系統性修正。它通過將現實世界的資產（如房地產、股權、大宗商品等）通證化，為數碼資產注入了實體價值錨點，從而構建了一個虛實融合的價值網絡。

這一轉變的必然性源於數碼經濟與實體經濟的深度融合需求。傳統金融體系中的資產（如不動產、知識產權）長期存在流動性不足、門檻高、跨境壁壘等問題，而區塊鏈技術通過通證化實現了資產的可分割、可交易和可驗證。RWA 的出現，正是對這些問題的直接回應：它不僅繼承了 NFT 在確權和流動性方面的優勢，更通過綁定實體資產的收益權，為數碼資產提供了穩定的底層支撐。

NFT 與 RWA 並非對立，而是互補與進化的關係。兩者的差異與聯繫，構成了數碼資產演進的核心邏輯，從 NFT 到 RWA，有三重關鍵的轉變。

（1）價值來源：從「共識驅動」到「實體支撐」

NFT 的價值依賴於社區共識和數碼稀缺性，而 RWA 的價值則建立在現實資產的運營收益之上。NFT 的「價值真空」問題源於其與實體經濟的脫節——其價值完全依賴於市場情緒和稀缺性感知，而非底層資產的穩定收益。相比之下，RWA 通過將實體資產的現金流（如租金、股息、碳排放權收益）與代幣綁定，使數碼資產的價值直接與現實經濟活動掛鉤。這種模式解決了 NFT「價值真空」的痛點，使數碼資產的價值不再依賴於主觀共識，而是由實體經濟的運行邏輯驅動。

（2）流動性：從「孤島交易」到「全球流通」

NFT 的流動性長期受限於封閉的交易平台和跨鏈障礙，而 RWA 通過資產拆分與標準化，實現了資產的全球化配置。傳統資產（如房地產、大宗商品）因門檻高、週期長而難以流通，而 RWA 技術可將資產拆分為小額代幣，使低流動性的傳統資產轉化為高流動性的數碼證券。這種模式不僅降低了投資門檻，還通過區塊鏈的全球性網絡，打破了傳統資產的地域投資壁壘。例如，一套價值千萬的房產可被拆分為百萬份代幣，每份僅需幾十元即可參與投資，從而實現傳統資產的「民主化」流通。

（3）合規性：從「灰色地帶」到「監管框架」

NFT 的合規風險始終是行業發展的隱患。其價值模型缺乏明確的監管框架，導致大量項目遊走於法律邊緣。而 RWA 通過第三方確權與監管介入，為數碼資產提供了合規路徑。在 RWA 的實踐中，資產上鏈前需完成物理世界與區塊鏈的雙重確權，並引入第三方機構對資產的真實性進行驗證。這種「技術 + 監管」的雙軌機制，使 RWA 成為連接加密世界與傳統金融體系的橋樑。

RWA 的應用場景已從概念走向落地，其核心價值體現在三重突破：流動性提升、跨市場配置與透明化治理。

（1）流動性提升：低流動性資產的「數碼解封」

RWA 通過通證化將高門檻、低流動性的資產轉化為可交易的數碼憑證。這一過程的本質是通過技術手段將資產的「非流動性」屬性轉化為「流動性」屬性。例如，製造業設備、能源設施等傳統資產因難以分割和交易而長期處於低效狀態，而 RWA 技術可將其拆分為小額代幣，使投資者能夠通過鏈上市場直接參與資產的收益分配。這種模式不僅盤活了傳統資產的流動性，還為中小企業提供了新型融資渠道。

（2）跨市場配置：全球資本的「一鍵接入」

RWA 打破了傳統金融市場的地域限制。通過區塊鏈的全球性網絡，投資者無需親自參與資產的物理管理，即可通過代幣化資產分享市場紅利。這種模式使新興市場的資產（如東南亞的製造業設備、中東的能源設施）能夠直接面向全球投資者，推動了資本的全球化配置。

（3）透明化治理：智能合約的「信任機器」

RWA 的底層邏輯依賴於智能合約的自動化執行。通過預言機（Oracle）將現實數據（如租金收入、設備運營數據）即時映射至鏈上，RWA 實現了資產收益分配、抵押品清算等操作的完全透明化。這種「數據上鏈 + 智能合約」的組合，消除了傳統金融中的信息不對稱問題，使資產的管理與分配更加公平高效。

儘管 RWA 代表了數碼資產的「現實化」方向，但 NFT 的創新價值並未被取代。兩者的關係更接近「互補共生」——NFT 作為數碼原生資產的載體，依然在虛擬藝術、遊戲、元宇宙等領域扮演核心角色；而 RWA 則通過通證化將現實資產引入加密世界，為數碼金融注入穩定性與實體價值。

以虛擬與現實的融合為例，NFT 可以作為數碼身份或虛擬物品的所有權憑證，而 RWA 則可以為這些虛擬資產提供與現實資產的綁定。例如，玩家持有的 NFT 武器可通過 RWA 技術與現實資產（如遊戲的真實帳號）綁定，形成虛實共生的價值生態。這種模式既保留了 NFT 的獨特性，又通過 RWA 構建了虛實一體的價值網絡。

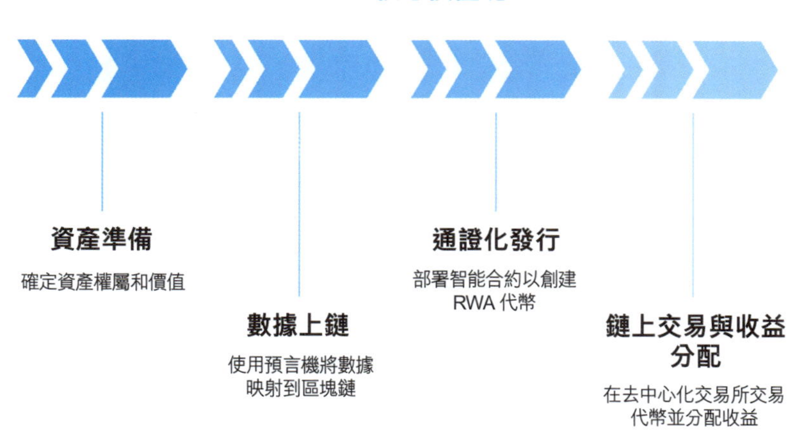

1.2.3. 小結

從 NFT 到 RWA 的轉變，本質上是價值表達方式的範式遷移：前者解決的是數碼世界的「所有權確權」，後者解決的是現實世界的「資產價值通證化」問題。這一過程不僅拓展了區塊鏈技術的應用邊界，也重新定義了金融市場的底層邏輯。未來，隨着技術標準的完善和監管框架的逐步成熟，RWA 將成為連接加密經濟與實體經濟的基礎設施，而 NFT 則將繼續作為數碼文化與虛擬資產的創新引擎。兩者共同構成的「虛實一體」的價值網絡，或許正是人類邁向「價值互聯網」時代的必經之路。

1.3. 全球監管沙盒：香港、新加坡、阿聯酋的合規試驗田

在 RWA 通證化從概念走向落地的過程中，監管沙盒（Regulatory Sandbox）成為各國探索創新與合規平衡的關鍵試驗場。作為「受控環境下的合規試錯空間」，沙盒機制允許企業在嚴格監管框架內驗證技術可行性與商業模式，同時防範系統性風險。香港、新加坡、阿聯酋等地區通過沙盒機制，不僅為 RWA 項目提供了「安全試驗田」，更為全球 RWA 發展提供了可複製的合規框架與監管經驗。

1.3.1. 香港：Ensemble 計劃——RWA 合規化的「亞洲試驗場」

在現實世界資產通證化從概念走向落地的過程中，監管沙盒（Regulatory Sandbox）作為「創新與合規」的平衡工具，其價值遠超出技術測試的範疇，更承擔着制度設計與社會共識建構的深層使命。香港的沙盒實踐，正是這種理念的典型體現。

香港的監管沙盒機制，其理論根基源於對「風險可控」與「創新包容」二元矛盾的動態調節。在傳統金融體系中，監管往往以穩定性為核心目標，對新興技術採取「先封鎖、再評估」的謹慎態度；而數碼資產的快速迭代卻要求監管必須具備一定的彈性，以適應技術的非線性演進。香港的沙盒設計，正是在這兩者之間尋找平衡點。它通過

「受控環境下的試錯空間」，允許企業在嚴格的監管框架內測試 RWA 項目的技術可行性與商業模式，同時將潛在風險封閉在可控範圍內。這種模式的核心邏輯是：創新不意味着放任，合規也不等同於遏止，而是通過制度設計的靈活性，實現二者在動態中的協同。

具體而言，香港沙盒的運作並非簡單的「豁免 + 測試」，而是構建了一套層層遞進的治理機制。例如，在穩定幣領域，金管局（HKMA）要求參與機構必須以 100% 法定貨幣或高流動性資產作為儲備，並通過智能合約實現發行、兌換與收益分配的全流程透明化。這種設計不僅解決了穩定幣的價值錨定問題，更為 RWA 中現實資產與數碼資產的映射提供了技術範本——穩定幣背後的儲備資產管理邏輯，實際上是 RWA（如房地產、碳減排權）通證化的微觀縮影。此外，沙盒參與方需提前提交風險管理方案，並接受監管機構對資本充足率、反洗錢機制的審查，這種「前置合規」模式既降低了測試過程中的監管摩擦，也確保了創新試點與制度框架的同步演進。

香港沙盒的制度創新，還體現在其對「跨部門協同」與「國際標準相容性」的重視。在穩定幣沙盒的設計中，金管局、財政司、運輸及物流局等多個部門共同參與，確保技術測試與政策制定的同步進行。這種跨部門協同機制，使沙盒不僅是技術試驗場，更是政策預演的平台——監管機構通過觀察企業在沙盒中的實際操作，逐步調整既有法規或設計新規則，填補創新帶來的法律空白。同時，香港沙盒的規則設計（如穩定幣的儲備要求）與國際清算銀行（BIS）的《穩定幣原則》對接，為 RWA 的跨境應用奠定基礎。這種對國際標準的相容性，使香港沙盒的經驗具有天然的外溢效應——它不僅服務於本地市場，更可能成為亞太乃至全球 RWA 合規框架的參考範本。

然而，香港沙盒的實踐也面臨着深刻的辯證性挑戰。一方面，過於嚴格的合規要求可能抑制創新活力。例如，在穩定幣沙盒中，企業需承擔資本金要求與儲備資產透明度的義務，這種「強制性合規」雖然降低了系統性風險，但也增加了中小企業的參與門檻，可能導致創新資源向大型機構集中。另一方面，過於寬鬆的沙盒設計則可能導致風險外溢。例如，低空經濟沙盒允許企業在指定空域測試無人機物流，但若飛行數據與環境監測結果未能實時上鏈，監管機構可能難以動態評估無人機與現實環境的互動風險。這種「創新與風險」的張力，正是沙盒機制需要持續優化的核心議題。

香港沙盒對 RWA 發展的啟示，在於其揭示了數碼資產合規化的三重邏輯：技術與制度的共生演化、風險分層管理、從局部試點到全球標準。首先，RWA 的成功不僅依賴於區塊鏈技術的突破，更需要監管框架的適時調整。沙盒作為「技術試驗田」與「制度孵化器」，是兩者協同演進的關鍵界面——它既為企業提供了測試技術邊界的可能性，也為監管機構創造了調整政策的窗口期。其次，RWA 的風險既包括技術風險（如智能合約漏洞），也包括市場風險（如資產價值波動）。沙盒通過分階段測試（如從穩定幣到無人機資產的擴展），實現風險的梯度釋放——先在可控範圍內驗證技術可行性，再逐步擴展至更複雜的現實資產。最後，香港沙盒的經驗若能通過國際合作（如與新加坡的金融行動特別組合 FATF 協調），有望成為 RWA 全球規則的「亞洲範本」。這種從局部試點到全球標準的演進路徑，正是數碼資產合規化的必然選擇。

總的來說，香港的沙盒實踐不僅是 RWA 技術落地的助推器，更是金融監管現代化的縮影。它證明了監管與創新可以從零和博弈走向共贏——沙盒的「受控試錯」智慧，或許正是全球金融體系邁向數碼化未來的核心路徑。

1.3.2. 新加坡：金融科技沙盒——RWA 與 DeFi 的「流動性試驗」

新加坡的金融科技沙盒機制，是全球金融創新與監管協同的典範。自 2016 年推出以來，新加坡金融管理局（MAS）通過「受控環境下的試錯空間」，為金融科技企業提供了測試新產品、新技術與新商業模式的場域。與香港的沙盒側重於穩定幣與現實資產通證化的技術驗證不同，新加坡的沙盒更側重於流動性與風險管理的平衡，特別是在現實世界資產（RWA）與去中心化金融（DeFi）領域的探索，成為亞洲乃至全球金融科技合規化的「實驗室」。

（1）新加坡沙盒的設計邏輯與運作機制

新加坡沙盒的核心價值在於其「動態適應性」與「風險分層管理」。MAS 將沙盒分為三類：Sandbox（常規沙盒）、Sandbox Express（快捷沙盒）與 Sandbox Plus（擴展沙盒），每一類針對不同複雜度的創新項目。例如，Sandbox Express 專為風險較低、業務模式簡單的項目設計（如保險經紀服務或匯款機構），允許企業在提交申請後 21 天內獲知審核結果，並在 9 個月內完成測試；而 Sandbox Plus 則針對涉及跨境合作或多層級監管的項目（如 DeFi 協議或跨國資產通證化），允許企業在更長時間內與多個監管機構協調測試。這種分層設計體現了新加坡對「創新速度」與「風險可控性」的精準把控——既不過度壓抑企業的試錯空間，也不放任技術失控對金融體系造成衝擊。

在具體操作上，新加坡沙盒的運作遵循「申請—測試—評估」的三階段模型。企業需向 MAS 提交詳細的業務計劃、風險管理方案與合規措施，並接受監管機構的審核。若通過審核，企業可在限定範圍內開展業務，但需遵守預設的監管豁免條件與信息披露要求。例如，在

RWA 領域，企業需確保通證化資產的儲備資產透明可查，並通過智能合約實現收益分配的自動化；而在 DeFi 領域，企業需設計可驗證的合規機制（如反洗錢審查），以防止匿名交易成為洗錢或資本外逃的通道。測試階段結束後，MAS 會對項目進行綜合評估，並根據結果決定是否批准其正式上線。若項目存在重大缺陷，MAS 可要求企業重新調整方案，甚至終止測試。

（2）RWA 與 DeFi 的沙盒實踐：流動性的再定義

新加坡沙盒在 RWA 與 DeFi 領域的應用，體現了其對「現實資產數碼化」與「去中心化協議」的雙重探索。

在 RWA 領域，新加坡沙盒的重點在於打破傳統資產的流動性壁壘。例如，MAS 支持企業將房地產、大宗商品或碳排放權等資產通證化，並通過鏈上市場實現資產的拆分與交易。這種模式解決了傳統資產「不可分割」與「交易成本高」的問題——一套價值數百萬的新加坡公寓可以被拆分為數千份代幣，每份僅需幾十美元即可參與投資。這種「微觀流動性」不僅降低了投資門檻，也使資產的全球配置成為可能。例如，2024 年某新加坡企業在沙盒中測試的「碳排放權通證化」項目，成功吸引了亞洲與歐洲投資者的參與，證明了 RWA 在環境金融領域的可行性。

在 DeFi 領域，新加坡沙盒的實踐更側重於協議的合規性與風險可控性。DeFi 的核心優勢在於去中介化與自動化，但其匿名性與無國界性也帶來監管難題。新加坡的沙盒通過「有限豁免 + 強制合規」的模式，試圖在 DeFi 的自由性與監管的必要性之間找到平衡點。例如，摩根大通與星展銀行在新加坡沙盒中測試的 DeFi 協議，採用了「許可式 DeFi」設計——參與者需經過反洗錢審查，並使用機構級錢包進行交易。這種模式既保留了 DeFi 的智能合約自動化優勢，又通過身份驗證與監管介入降低了非法活動風險。2025 年初，MAS 與多家機構合作推出的「通證化政府債券交易」項目，進一步驗證了 DeFi 在機構級市場中的潛力——通過 Polygon 網絡，新加坡元與日本日元的通證化債券可在跨國市場中實現即時清算與結算，大幅降低了傳統場外交易的成本。

（3）沙盒的成功與啟示：創新與監管的共演

新加坡沙盒的實踐之所以成功，在於其深刻理解了金融科技的「雙重屬性」——技術的創新性與金融的穩定性。一方面，沙盒通過靈活的規則設計（如 Sandbox Express 的快速審核機制）激勵企業加速技術迭代；另一方面，它通過強制合規要求（如資產儲備透明化、反洗錢審查）守住系統性風險的底線。這種「創新包容」與「風險可控」的雙軌策略，使新加坡成為 RWA 與 DeFi 領域的全球試點中心。

然而，新加坡沙盒的經驗也揭示了金融科技監管的辯證性挑戰。過於強調合規可能抑制創新活力——例如，RWA 項目需承擔高昂的審計與披露成本，導致中小企業難以參與；而過於寬鬆的沙盒設計則可能導致風險外溢——例如，DeFi 協議若未充分驗證其智能合約安全性，可能在測試階段之外引發更大規模的市場波動。因此，新加坡沙盒的成功不僅在於其技術與制度的創新，更在於其對「動態平衡」的持續追求——監管不是對創新的限制，而是對風險的引導與轉化。

（4）新加坡沙盒的全球意義與未來路徑

新加坡沙盒的經驗對全球金融科技發展具有深遠啟示。首先，它證明了監管與創新可以從零和博弈走向共贏——沙盒通過技術試錯與制度迭代，使監管機構與企業共同成為金融變革的推動者。其次，它揭示了 RWA 與 DeFi 的融合可能性——現實資產的通證化為 DeFi 協議提供了穩定的價值錨點，而 DeFi 的流動性工具則為 RWA 注入了高效交易機制。這種「虛實共生」的模式，或將成為未來金融體系的主流架構。

最後，新加坡沙盒的實踐也提示了國際協調的必要性。金融科技的無國界性要求監管框架的互認與標準的統一。例如，新加坡與香港在 RWA 監管上的合作，或可成為亞太地區通證化資產跨境流通的範本；而 MAS 與 FATF（金融行動特別組合）在反洗錢規則上的協調，則為 DeFi 的全球化應用奠定了基礎。未來，新加坡沙盒的經驗若能通過國際合作進一步擴展，其「受控試錯」的智慧或將成為全球金融體系邁向數碼化未來的核心路徑。

1.3.3. 阿聯酋：ADGM 沙盒——伊斯蘭金融與 RWA 的「合規適配」

在全球金融科技監管的競賽中，阿聯酋以其獨特的制度設計與文化背景，成為創新與合規平衡的標杆。阿布扎比全球市場（ADGM）作為阿聯酋金融自由區的核心，其監管沙盒機制不僅承載了推動伊斯蘭金融與現實世界資產（RWA）通證化的使命，更通過「受控試錯」與「制度適配」的雙軌策略，為金融科技的全球化落地提供了新思路。

（1）ADGM 沙盒的設計邏輯：伊斯蘭金融與 RWA 的融合

ADGM 沙盒的核心價值在於其對「文化適配性」與「技術前瞻性」的深度結合。伊斯蘭金融作為阿聯酋金融體系的重要組成部分，其原則（如禁止利息、風險共擔）與傳統金融存在本質差異。而 RWA 通證化則要求將現實資產（如房地產、大宗商品）轉化為可交易的數碼資產，這兩者在技術實現與監管框架上均面臨挑戰。ADGM 沙盒的設計，正是針對這些矛盾提出的解決方案。

其運作邏輯可分為三層：

① 伊斯蘭金融的技術重構：ADGM 沙盒允許企業在受控環境中測試伊斯蘭金融產品的數碼化形式。例如，穆斯林投資者常見的「蘇克（Sukuk）」債券，傳統上需依賴紙質合同與人工審核，而 ADGM 沙盒支持其通證化，使債券的發行、收益分配與流動性管理通過智能合約自動執行。這種設計既保留了伊斯蘭金融的核心原則（如風險共擔），又通過區塊鏈技術提升了透明度與效率。

② RWA 通證化的合規適配：ADGM 沙盒為現實資產通證化提供了「分階段測試」與「風險分層管理」的框架。例如，企業可在沙盒中先測試穩定幣與法定貨幣的錨定機制（如法幣參考代幣 FRT），再逐步擴展至房地產或碳排放權的通證化。這種分層設計既降低了技術試錯成本，也使監管機構能動態調整合規要求。

③ 監管與創新的動態協調：ADGM 沙盒的規則設計體現了「有限豁免 + 強化責任」的理念。參與企業可在規定期限內豁免部分業務許可證要求，但需承擔嚴格的風險管理義務（如資本金要求、儲備資產透明度）。這種模式既激勵企業探索技術邊界，又守住系統性風險的底線。

（2）ADGM 沙盒的實踐：從 e-KYC 到穩定幣框架

ADGM 沙盒的應用場景，體現了其對伊斯蘭金融與 RWA 融合的深度實踐。

以 e-KYC（電子身份驗證）項目為例，ADGM 與阿聯酋主要銀行合作，開發了一個基於區塊鏈的客戶信息共用平台。該平台允許參與機構在保護數據隱私的前提下，實時驗證客戶身份與交易記錄。這種設計不僅解決了伊斯蘭金融中對透明性的要求，也為 RWA 通證化提供了可信的基礎設施——例如，房地產代幣的購買者可通過 e-KYC 驗證資產所有權，降低交易摩擦。

在穩定幣領域，ADGM 沙盒的突破更具代表性。2024 年，ADGM 金融服務監管局（FSRA）發布了基於法幣參考代幣（FRT）的穩定幣框架，允許企業發行與阿聯酋迪拉姆或美元錨定的代幣。

該框架的核心創新在於：

- 伊斯蘭原則的嵌入：FRT 的儲備資產需符合伊斯蘭金融的「風險共擔」原則，例如儲備資金可投資於伊斯蘭銀行的收益共用產品，而非傳統利息型資產；
- 技術與監管的協同：FSRA 要求 FRT 的發行與兌換過程完全透明，並通過智能合約自動執行，確保儲備資產與代幣供應量的匹配。這種設計既解決了穩定幣的價值錨定問題，也為 RWA 通證化提供了技術範本。

（3）ADGM 沙盒的應用效果與挑戰

ADGM 沙盒的實踐已初見成效。截至 2025 年初，已有超過 50 家金融科技企業參與沙盒測試，涵蓋伊斯蘭金融、穩定幣、碳排放權通證化等領域。例如，某阿布扎比企業在沙盒中測試的「伊斯蘭風格穩定幣」項目，成功吸引了來自中東與南亞的投資者，證明了伊斯蘭金融與區塊鏈技術的相容性。此外，ADGM 與金融台賬通合作建設的數碼實驗平台，進一步提升了監管機構對金融科技創新活動的監測能力，為 RWA 通證化的規模化落地奠定了基礎。

然而，ADGM 沙盒也面臨深刻的辯證性挑戰。一方面，過於強調伊斯蘭原則可能限制技術的靈活性。例如，伊斯蘭金融對利息的禁止，使穩定幣的收益分配模式需額外設計（如通過風險共擔基金），增加了技術實現的複雜性。另一方面，過於寬鬆的沙盒設計可能導致風險外溢。例如，若企業在測試階段未充分驗證智能合約的安全性，可能在退出沙盒後引發更大規模的市場波動。

（4）ADGM 沙盒的啟示：文化適配與制度創新

ADGM 沙盒的成功揭示了金融科技監管的三重邏輯：文化適配性、技術前瞻性與風險可控性。

首先，ADGM 沙盒證明了監管框架需與本地文化價值觀協同演進。伊斯蘭金融的原則並非技術的障礙，而是創新設計的出發點——通過技術工具（如智能合約）重新解構傳統金融產品，既能保留文化底色，又能適應數碼時代的需求。這種「文化適配」的智慧，為其他具有獨特金融傳統的國家（如印度、馬來西亞）提供了借鑒。

其次，ADGM 沙盒揭示了分階段測試與風險分層管理的必要性。RWA 通證化涉及技術、法律、市場等多重風險，而 ADGM 通過「從穩定幣到現實資產」的梯度測試，使風險在可控範圍內釋放。這種模式不僅降低了企業的試錯成本，也使監管機構能根據測試結果動態調整規則。

最後，ADGM 沙盒的經驗提示了國際協調的戰略意義。阿聯酋作為伊斯蘭金融與 Web3 技術的交匯點，其沙盒規則若能與新加坡、香港等地的監管框架互認，將加速 RWA 通證化的全球化進程。例如，ADGM 與 DIFC（迪拜國際金融中心）的協同，可能形成亞洲 - 中東地區的監管標準範本，為跨境資產通證化掃清障礙。

ADGM 沙盒的實踐，不僅是技術與制度的創新試驗，更是文化價值與數碼經濟融合的縮影。它證明了監管與創新可以從零和博弈走向共贏——沙盒的「受控試錯」智慧，或許正是全球金融體系邁向數碼化未來的核心路徑。在伊斯蘭金融與 RWA 通證化的浪潮中，阿聯酋的探索不僅服務於本地市場，更可能成為連接傳統金融與加密世界的橋樑，為全球金融變革提供亞洲 - 中東的獨特方案。

1.3.4. 全球沙盒的啟示與挑戰

在全球金融科技監管的探索中，香港、新加坡與阿聯酋的沙盒實踐如同三面棱鏡，折射出不同文化、經濟背景與監管哲學下的制度創新邏輯。它們共同構建了一個動態平衡的範式——在技術試錯與風險防控之間尋找支點，在創新包容與制度約束之間構建橋樑。這種實踐不僅改變了金融監管的傳統形態，更重塑了數碼時代金融生態的底層邏輯。

監管沙盒的核心價值在於其「受控試錯」的智慧。它並非簡單的規則豁免或技術測試，而是通過制度設計的彈性邊界，將金融創新嵌入監管框架的動態演化中。香港的沙盒以「穩定幣錨定機制」為切入點，通過 100% 儲備資產透明化與智能合約自動化，為 RWA 通證化提供了技術範本；新加坡的沙盒則以「流動性再定義」為目標，通過分階段測試與風險分層管理，驗證 DeFi 協議與現實資產的融合路徑；而阿聯酋的 ADGM 沙盒更強調「文化適配性」，通過伊斯蘭金融原則與區塊鏈技術的結合，證明了傳統價值觀與現代科技的相容可能。三者的共性在於：監管不再是被動的規則約束，而是主動的制度供給——通過沙盒的「試驗田」功能，監管機構與企業共同成為規則的塑造者。

然而，沙盒的實踐也揭示了深刻的辯證性矛盾。創新的自由度與風險的可控性始終處於動態博弈中。例如，香港沙盒對穩定幣的嚴格儲備要求雖降低了系統性風險，卻可能抬高中小企業的參與門檻；新加坡沙盒對 DeFi 協議的「許可式設計」雖提升了合規性，卻削弱了去中心化的核心優勢；ADGM 沙盒在嵌入伊斯蘭金融原則時，需額外設計複雜的收益分配機制，增加了技術實現的複雜性。這些矛盾的本質在於：監管沙盒並非萬能藥，它只是將風險從「不可控的野蠻生長」轉化為「可觀察的可控實驗」。因此，沙盒的成功不僅依賴於制度設計的精妙，更取決於監管者對「風險梯度」的精准把控——既要允許企業在邊界內試錯，又要通過動態評估機制防止風險外溢。

這三個地區的實踐共同指向一個更宏大的命題：監管沙盒不僅是技術落地的助推器，更是金融生態重構的催化劑。

- 技術與制度的共生演化：沙盒通過「技術測試」與「政策預演」的同步推進，使監管框架能夠與技術迭代保持動態同步。例如，新加坡沙盒在 DeFi 領域的實踐，使監管機構提前介入智能合約的設計階段，而非事後補救；ADGM 沙盒通過通證化資產的透明化要求，為伊斯蘭金融的數碼化提供了合規路徑。這種「技術驅動規則」與「規則引導技術」的雙向互動，正在重塑金融基礎設施的底層邏輯。
- 風險分層管理的範式突破：傳統金融監管往往以「全有或全無」的方式對待風險，而沙盒通過「分階段測試」與「風險隔離」的設計，實現了風險的梯度釋放。例如，從穩定幣到現實資產通證化的擴展路徑，使風險從單一技術漏洞逐步過渡到市場波動與法律空白；從沙盒內的小規模試點到沙盒外的規模化應用，使監管機構能夠通過「壓力測試」逐步校準規則。這種風險分層管理的智慧，為複雜金融系統的穩定性提供了新思路。
- 國際標準相容的實踐路徑：沙盒的全球實踐正在推動監管規則的「標準化遷移」。新加坡沙盒與國際清算銀行（BIS）的《穩定幣原則》對接，ADGM 沙盒與迪拜金融中心（DFIC）的代幣化規則協同，均表明沙盒不僅是本地創新的試驗場，更是國際標準的孵化器。這種「從局部試點到全球範本」的演進路徑，為金融科技的跨境協作奠定了基礎——RWA 通證化資產的跨境流通、DeFi 協議的多邊監管互認，均需依賴沙盒經驗的國際外溢。

監管沙盒的下一階段發展，可能呈現以下趨勢：

- 技術融合的深化：隨着人工智能、隱私計算等技術的成熟，沙盒的監測能力將從「事後評估」轉向「即時干預」。例如，通過鏈上數據分析即時追蹤 RWA 通證化資產的風險敞口，或利用 AI 模型預測 DeFi 協議的市場衝擊。
- 國際協調的加速：金融科技的無國界性要求監管框架的互認與標準統一。例如，新加坡與 ADGM 在通證化資產規則上的協同，或可成為亞太 - 中東監管合作的範本；而中國在沙盒試點中積累的經驗，也可能通過「監管沙盒擴容」與「對外開放」策略，推動全球監管標準的重構。
- 文化適配的拓展：ADGM 沙盒證明，監管創新可以與本地文化價值深度結合。未來，更多具有獨特金融傳統的地區（如印度、東南亞）可能借鑒這一模式，通過沙盒探索「本土化創新」與「全球化標準」的融合路徑。

1.3.5. 小結

監管沙盒的實踐，本質上是一場關於「信任重構」的實驗——它試圖在技術不確定性與制度穩定性之間建立新的信任契約。從香港的「亞洲試驗場」到新加坡的「流動性實驗室」，再到阿聯酋的「文化適配者」，沙盒的全球實踐揭示了一個核心真理：金融創新的成功，不僅取決於技術的突破，更取決於制度的彈性與監管的智慧。未來的金融體系，或許將不再由單一的規則主導，而是由無數個沙盒中的「局部最優解」共同編織成一張動態演進的網絡——在這張網絡中，監管者與創新者不再是零和博弈的對手，而是共同構建未來的夥伴。

第二章 PRE-RWA：實物資產通證化的戰略前哨

在國內監管尚未完全開放 RWA 發行的背景下，企業若直接嘗試將實體資產（如房地產、新能源設備、藝術品）代幣化並公開交易，可能面臨法律風險。為此，在數碼金融與實體資產融合的浪潮中，筆者通過結合國內合規的數碼權益（NFR）模式，為企業搭建起通向海外 RWA（現實世界資產）的橋樑，首創出 PRE-RWA（預備型實物資產通證化）這一新概念。這一概念的誕生，源於對全球監管差異與技術可能性的深刻洞察。PRE-RWA 的設計智慧在於：以國內法律框架下的數碼權益為起點，通過權益結構的分層設計與跨境合規的梯度遷移，實現實體資產價值的數碼化釋放與全球流動性配置。

PRE-RWA 的本質，是將傳統 RWA 所需的「資產所有權」與「收益權」中的部分內容拆解為可獨立存在的權益單元，並通過 NFR（非同質化權益）的形式完成初步發行。例如，一個風電場的收益權被分割為「RWA 通證優先認購權」「實體資產取得權」等模組，每個模組均可獨立上鏈、交易或轉移。這種設計既規避了國內對「虛擬貨幣」與「證券化資產」的直接監管限制，又為後續的海外 RWA 發行預留了技術接口。

2.1. PRE-RWA 的核心設計：國內 NFR 與海外 RWA 的銜接機制

PRE-RWA 的核心創新，在於其對權益結構的精心設計。它通過

「權益優先認購權」的嵌套機制，實現了國內 NFR 與海外 RWA 的動態銜接。例如，持有 NFR 的投資者不僅可獲得當前實體資產的取得權，還可優先以優惠價格參與未來海外 RWA 通證的發行。這種設計巧妙地解決了 RWA 發行中的兩大難題：一是實體資產的跨境流動性問題，二是投資者對海外市場的准入門檻。

更具體而言，PRE-RWA 的權益結構包含以下關鍵層級：

- 基礎參與權：基於實體資產的運營數據（如風電設備的發電量、碳減排量），與資產數據掛鉤，提供透明化參與結構。
- RWA 通證優先認購權：當企業具備海外 RWA 發行條件時，NFR 持有者可優先以折扣價認購 RWA 通證，從而鎖定未來資產增值空間。
- 實體資產取得權：期滿後，投資者可選擇免費取得底層實體資產（如風電設備）或續約繼續獲得收益。
- 數碼 IP 附加權益：通過贈送限量版 NFT（如碳中和主題數碼藏品），增強投資者的參與感與收藏價值。

這種分層設計的意義在於，它將 RWA 的複雜性拆解為多個可驗證、可交易的模組，使國內合規框架下的 NFR 成為海外 RWA 的「通行證」。

國內 NFR 與海外 RWA 的異同

項目	國內 NFR	海外 RWA
法律屬性與合規要求	1. 不直接映射資產權屬 2. 聚焦「數據權益」與「消費權益」 3. 通過上海數據交易所等合規框架錨定實物消費 4. 禁止金融屬性（如證券化爭議）	1. 直接映射資產所有權 / 收益權 2. 需遵守《證券及期貨條例》、AML 法規 3. 通過 SPV 隔離風險 4. 需符合 MiCA/SEC 國際合規標準
市場定位與功能	1. 服務境內市場 2. 強調「數據權益」與「消費場景」結合 3. 交易受流動性限制（如單次交易 ≤5%） 4. 去金融化設計規避跨境資本流動風險	1. 面向全球投資者 2. 強調資產流動性與跨境配置 3. 代幣可自由交易（如新加坡 Propy 房產代幣） 4. 通過智能合約實現自動化收益分配
技術標準與實現	1. 聯盟鏈技術（如螞蟻鏈） 2. 數據上鏈存儲，不依賴公鏈 3. 交易需實名認證與流動性限制 4. 依賴數據交易所監管機制	1. 公鏈技術（如以太坊） 2. 代幣化資產可跨境流通 3. 依賴智能合約自動化交易與收益分配 4. 需符合國際合規標準（如 MiCA）
核心目標與挑戰	1. 風險控制：避免觸發證券化爭議 2. 監管適配：依賴國內數據交易所與實名制框架 3. 挑戰：難以實現跨境資產流通與高流動性	1. 資產流動性：提升非流動資產（如房產）的交易效率 2. 全球化配置：吸引機構投資者參與 3. 挑戰：需應對多國監管合規要求與數據真實性風險

PRE-RWA 的成功，依賴於其對技術與合規的雙重適配能力。在技術層面，它通過區塊鏈的資產上鏈與智能合約自動化，確保了權益分配的透明性與可追溯性。例如，所有實體資產的運營數據（如設備運行狀態、碳權交易記錄）即時上鏈，使 NFR 持有者可通過鏈上查詢驗證資產狀態，規避了傳統金融中信息不對稱的風險。同時，智能合約的自動執行機制（如優先認購觸發條件）進一步降低了人為操作的空間，提升了投資者信任。

在合規層面，PRE-RWA 的設計充分考慮了國內外監管的差異性與相容性。內地發行階段，它嚴格遵循《發行 NFT 數碼藏品合規操作指引》等政策，通過 NFR 的非金融屬性定義，將代表實體資產的 NFR 與代表數字權益包、獨特 IP 的 NFT 進行綁定，將 NFR 的價值進一步提升，用戶在購買 NFR 時，獲得了實體資產兌換的權益以及 NFT 的附加價值，而不觸及法律的紅線。而在銜接海外 RWA 階段，企業則通過境外持牌機構的承銷機制，將 NFR 權益轉化為符合國際監管標準的 RWA 通證。例如，RWA 通證以港元計價，並由香港證監會持牌機構負責發行與託管，既滿足了海外市場的流動性需求，又通過「分階段合規」的設計降低了跨境法律衝突的風險。

PRE-RWA 的另一大價值，在於其對風險的分層管理與價值的多維錨定。在風險控制方面，它通過實體資產的物理確權與超額抵押，為數碼權益提供了底層保障。例如，在我們為珠海項目出具的方案中提到，其 1,000 颱風電設備需經過第三方機構（如 SGS）的物理確權，並以抵押率不超過 50% 的標準進行資產鎖定，確保即使市場波動導致收益下降，投資者仍可通過實體資產的處置權獲得補償。此外，RWA 通證的發行還設立了 5% 的風險準備金，進一步緩衝極端市場環境下的不確定性。

在價值錨定方面，PRE-RWA 通過「實體資產 + 數碼 IP」的雙輪驅動，構建了多元化的收益來源。一方面，實體資產可以為用戶帶來增值收益，如用戶可憑低價采購珍珠 NFR，兑換高價值珍珠資產後再行轉賣；另一方面，數碼 IP 如為珍珠資產定制生產的系列 IP，則通過收藏價值與市場炒作潛力，為投資者提供額外的增值空間。這種設計不僅豐富了投資回報的維度，也通過數碼資產的高流動性，解決了傳統 RWA「退出難」的痛點——投資者可通過 NFR 的二級市場快速變現，而無需依賴實體資產的長期持有。

PRE-RWA 的提出，本質上是一場關於「監管套利」與「制度創新」的辯證實踐。它並非試圖繞過國內監管，而是通過技術與制度的創造性適配，將國內合規的「約束」轉化為海外擴張的「跳板」。例如，國內 NFR 的發行為企業積累了資產數碼化的經驗與數據資產，而海外 RWA 的發行則借助國際市場的流動性規則，實現了價值的全球化配置。這種「從內到外」的演進路徑，既尊重了國內監管的邊界，又為企業的跨境發展預留了戰略空間。

更深遠地看，PRE-RWA 的實踐揭示了數碼金融生態重構的底層邏輯：未來的資產通證化，不再局限於單一市場的「孤島式創新」，而是通過權益結構的分層設計、技術標準的相容適配與監管規則的動態協調，構建起一個「國內合規—海外擴展—全球流通」的生態閉環。在這一過程中，PRE-RWA 不僅是企業融資的工具，更是連接傳統金融與 Web3 世界的「戰略前哨」——它證明了，即使在嚴格的監管環境下，創新仍可通過「分階段、分層級、分場景」的方式，找到制度與技術的共生點，並最終推動金融體系的數碼化躍遷。

2.2. PRE-RWA 的實際操作：從方案設計到落地路徑

在 PRE-RWA 的理論框架中，我們已經探討了其核心設計邏輯——通過國內合規的 NFR（非同質化權益）模式，為未來海外 RWA（現實世界資產）發行搭建橋樑。然而，這一創新方法的真正價值，必須通過具體的實踐路徑才能得以驗證。以下將以珠海零碳產業園區的 PRE-RWA 方案為例，詳細闡述這一模式的操作邏輯與實踐路徑。需要特別説明的是，該方案是我方團隊基於客戶方的委託需求設計的初步方案，客戶方因缺乏公開融資渠道而難以推進項目，因此主動聯繫我方尋求解決方案。為保護客戶隱私，文中對客戶信息進行了脱敏處理。儘管該項目尚未完全落地，但它為我們提供了一個極具代表性的操作模型，幫助讀者理解 PRE-RWA 如何在現實中被構建與推進。

2.2.1. 從零碳園區到 PRE-RWA：一個戰略場景的適配

珠海零碳產業園區作為國家「雙碳」戰略的示範項目，已具備清潔能源部署、碳排放監控與生態優化的技術基礎。然而，園區在設備採購與項目推進中面臨資金瓶頸，傳統融資方式受限於國內監管環境與市場接受度。針對這一困境，我方提出了一套基於 PRE-RWA 的資產價值釋放方案，旨在通過國內合規的 NFR（非同質化權益）模式，為園區資產的數碼化與跨境流通提供路徑。

該方案的核心在於將園區內可量化的綠色資產（如微風發電設備）進行權益拆分與通證化設計，並通過區塊鏈技術實現資產數據的上鏈與權益分配的自動化。這一設計既規避了國內對「虛擬貨幣」與「證券化資產」的直接監管風險，又為未來海外 RWA（現實世界資產）發行預留了技術接口。

2.2.2. PRE-RWA 的實施框架：分階段推進與合規適配

PRE-RWA 的實際操作分為國內合規發行階段與海外 RWA 銜接階段，每一階段均需兼顧技術可行性、法律相容性與市場接受度。

（1）國內合規發行階段：NFR 的權益結構設計與資產上鏈

在方案設計中，我方首先對園區內實體資產進行了系統性梳理，篩選出具有穩定現金流潛力的資產類別（如微風發電設備的取得權、數碼 IP）。這些資產的運營收益被拆解為可獨立存在的權益單元，並通過區塊鏈技術實現資產數據的上鏈與權益分配的自動化。為滿足國內監管要求，方案將 NFR 定義為「非金融屬性的數碼權益」，其收益權基於合同約定而非公開交易的金融工具。這一設計規避了《證券法》對「公開發行證券」的限制，同時為後續的海外 RWA 發行預留了合規空間。例如，NFR 持有者可獲得當前實體資產的兌換收益，並在未來具備條件時，通過「優先認購權」參與海外 RWA 通證的發行。

具體發行參數包括：

- 發行總額：5,000 萬元（對應 1,000 臺設備，單價 5 萬元 / 臺）。
- 認購門檻：1 萬元起投，按整臺設備份額拆分（如 5 萬元 / 臺，可拆分為 5 份）。
- 發行平台：國內合規數碼資產交易平台（如阿裏拍賣數碼權益專區）。
- 鎖定期限：2 年（期滿可選擇退出，若政策允許可選擇轉換為 RWA 通證）。

資金監管是方案的核心環節。所有募資資金需由專業機構託管，並專款用於資產採購與運營。例如，在珠海零碳園區的案例中，資金被定向用於部署微風發電設備，並通過第三方機構（如 SGS）完成物理確權與超額抵押，確保投資者權益的底層保障。

NFR 發行參數

總規模	認購門檻	發行平台	鎖定期
5,000 萬元	1 萬元起投，支持法幣或數字人民幣支付	國內合規平台	2 年，期滿後可選擇退出、繼續持有或轉換為 RWA 通證

（2）海外 RWA 銜接階段：權益轉換與數據遷移

當企業具備海外 RWA 發行條件時，PRE-RWA 的權益結構將發揮其「過渡橋樑」的作用。例如，NFR 持有者可申請將「RWA 通證優先認購權」轉換為實際的 RWA 通證，並通過國際合規交易所完成發行。這一過程的核心在於資產數據的跨境遷移與合規適配。 在技術層面，園區內所有資產數據（如設備運行狀態、碳權交易記錄）需通過區塊鏈同步至國際合規平台，作為 RWA 通證的底層資產證明。例如，園區的「光儲充」一體化數據，可通過跨鏈技術與香港或新加坡的交易所對接，確保海外投資者對資產真實性的信任。 在法律層面，海外 RWA 的發行需通過持牌機構承銷。例如，RWA 通證以港元計價，並由香港證監會持牌機構負責發行與託管，從而滿足國際市場的流動性規則。這種「分階段合規」的設計，既降低了跨境法律衝突的風險，又為企業的全球擴張預留了戰略空間。

2.2.3. 合規性與風險控制：制度保障與技術支撐

PRE-RWA 的合規性與風險控制是方案設計的核心考量。在珠海零碳園區的案例中，我方通過政策背書、法律架構與數據治理三重保障，構建了穩健的合規框架。

政策背書：方案嚴格遵循《國家綠色能源數碼化轉型指導意見》及國資委 ESG 標準，確保項目符合國家「雙碳」戰略方向。

法律架構：由金杜律所設計 NFR 權益合約，明確權益結構、退出機制與爭議解決條款，確保權益分配的透明性與可執行性。

數據合規：所有資產數據存證於 ECO Link DATA SPACE，並通過 DAMA CHINA 國際數據治理認證，確保數據的真實性與跨境合規性。

在風險緩釋方面，方案通過實體資產的物理確權與超額抵押為數碼權益提供保障。例如，微風發電設備需經過第三方機構的物理確權，並以抵押率不超過 50% 的標準進行資產鎖定，確保即使市場波動導致收益下降，投資者仍可通過實體資產的處置權獲得補償。此外，RWA 通證的發行還設立了 5% 的風險準備金，進一步緩衝極端市場環境下的不確定性。

2.2.4. 收益分析與退出機制：多元路徑與靈活選擇

PRE-RWA 的價值錨定不僅依賴於實體資產的穩定收益，還通過數碼 IP 與退出機制的設計，構建了多元化的收益來源。

- 退出路徑：
    - 到期退出：2 年期滿後，投資者可選擇取得設備（按市場價回購）或繼續持有。
    - 轉換 RWA：無縫銜接香港 RWA 通證，參與全球化資產配置。

投資退出方式流程圖

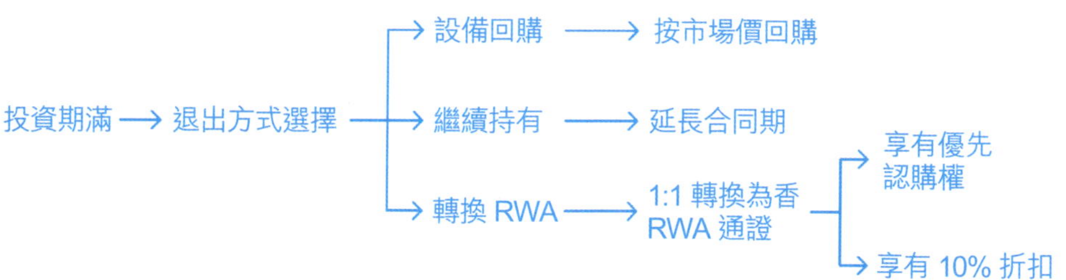

此外，方案還通過數碼 IP 附加權益（如限量版碳中和 NFT）增強投資者的參與感與收藏價值，進一步提升資產的市場吸引力。

2.2.5. 戰略意義：從局部試點到全球生態的躍遷

珠海零碳園區的 PRE-RWA 方案，本質上是一場關於「監管套利」與「制度創新」的辯證實踐。它並非試圖繞過國內監管，而是通過技術與制度的創造性適配，將國內合規的「約束」轉化為海外擴張的「跳板」。例如，國內 NFR 的發行為企業積累了資產數碼化的經驗與數據資產，而海外 RWA 的發行則借助國際市場的流動性規則，實現了價值的全球化配置。這種「從內到外」的演進路徑，既尊重了國內監管的邊界，又為企業的跨境發展預留了戰略空間。

更深遠地看，PRE-RWA 的實踐揭示了數碼金融生態重構的底層邏輯：未來的資產通證化，不再局限於單一市場的「孤島式創新」，而是通過權益結構的分層設計、技術標準的相容適配與監管規則的動態協調，構建起一個「國內合規—海外擴展—全球流通」的生態閉環。在這一過程中，PRE-RWA 不僅是企業融資的工具，更是連接傳統金融與 Web3 世界的「戰略前哨」——它證明了，即使在嚴格的監管環境下，創新仍可通過「分階段、分層級、分場景」的方式，找到制度與技術的共生點，並最終推動金融體系的數碼化躍遷。

2.2.6. 小結

珠海零碳園區的 PRE-RWA 方案，是筆者團隊在綠色金融與數碼資產領域的一次重要探索。儘管該項目仍在推進中，但其設計思路已為類似項目提供了可複製的範本。未來，隨着國內對 RWA 監管框架的逐步完善，以及國際市場的技術標準趨同，PRE-RWA 有望成為綠色金融與數碼資產融合的關鍵路徑。通過這一模式，企業不僅能在國內合規框架下完成資產價值的初步釋放，還能為全球資本市場的參與奠定基礎，最終實現從「零碳」到「零碳通證」的跨越。

2.3. 合規路徑：資金託管、數據上鏈與跨境法律架構

在 PRE-RWA 的推進過程中，合規性始終是貫穿整個流程的核心命題。無論是資金的募集與使用、資產數據的數碼化管理，還是跨境權益的法律適配，每一個環節都必須在制度與技術的雙重保障下完成。以珠海零碳產業園區的 PRE-RWA 方案為例，其合規路徑的設計並非簡單的「規避監管」，而是通過系統化的制度安排與技術手段，構建起一個既能滿足國內政策要求，又能為未來跨境資產流通預留空間的生態閉環。這一過程本質上是一場制度與技術的協同創新，它要求我們在每一階段的推進中，既要理解監管的邊界，又要探索突破創新的合理路徑。

（1）資金託管：從風險隔離到權益保障的制度設計

資金託管是 PRE-RWA 合規路徑中的第一個關鍵節點。由於 PRE-RWA 的募集資金涉及實體資產的採購與運營等環節，資金的安全性與

使用透明度直接關係到投資者的信任基礎。在珠海零碳園區的案例中，我們設計了一套三層級的資金託管架構，以確保資金的專款專用與風險隔離。

第一層是資金託管帳戶的設立。所有募集的資金需通過國內持牌金融機構（如銀行或數碼資產交易平台）開設的專用帳戶進行託管，資金的劃撥需經過多重審批流程，且每一筆支出均需與實體資產的採購或運營進度嚴格匹配。例如，在珠海零碳園區的案例中，資金被定向用於部署 1,000 臺微風發電設備，每臺設備的採購合同、驗收證明及資金流向均需在區塊鏈上同步記錄，確保資金使用的可追溯性。

第二層是資產抵押與超額擔保機制。為防範市場波動或資產貶值帶來的違約風險，我們要求所有實體資產（如微風發電設備）必須經過第三方機構（如 SGS）的物理確權，並以不超過 50% 的抵押率進行資產鎖定。這意味着，即使市場環境惡化導致收益下降，投資者仍可通過資產處置權獲得補償。此外，方案還引入了風險準備金機制，從每臺設備的收益中提取 5% 作為風險緩衝基金，進一步增強項目的抗風險能力。

第三層是權益分配的透明化管理。所有投資者的權益分配需通過智能合約自動執行，並即時同步至區塊鏈平台。例如，在珠海零碳園區的案例中，投資者每月可通過 ECO Link DATA SPACE 平台查詢其 NFR 的權益結構明細、碳權交易數據及設備運行狀態。這種透明化的設計不僅降低了信息不對稱的風險，也增強了投資者對項目長期價值的信心。

（2）數據上鏈：從資產確權到跨境流通的技術支撐

在 PRE-RWA 的合規路徑中，數據的管理與確權是另一個核心命題。由於 PRE-RWA 涉及實體資產的通證化，其底層數據的可信性與完整性直接決定了數碼權益的價值錨定。為此，我們設計了一套基於區塊鏈的全生命週期數據管理體系，確保資產數據從生成、確權到跨境遷移的全流程合規。

首先，資產數據的生成與確權是數據上鏈的基礎。在珠海零碳園區的案例中，所有微風發電設備的運行數據（如發電量、碳減排量）均通過物聯網感測器即時採集，並由第三方機構（如中國品質認證中心）進行數據驗證。這些數據隨後被同步至區塊鏈平台（如 ECO Link DATA SPACE），形成不可篡改的數碼資產憑證。這一過程不僅確保了數據的真實性，也為未來 RWA 通證的發行提供了底層資產證明。

其次，數據的跨鏈遷移與合規適配是跨境流通的關鍵。當 PRE-RWA 的權益結構需要銜接海外 RWA 發行時，數據的跨境遷移必須符合國際市場的合規要求。例如，在珠海零碳園區的案例中，我們通過跨鏈技術將園區內的數據同步至香港合規交易所的區塊鏈平台，並通過 DAMA CHINA 國際數據治理認證確保數據的合規性。這一設計不僅滿足了海外市場對數據真實性的需求，也為 RWA 通證的發行提供了技術接口。

此外，數據的隱私保護與訪問控制也是數據上鏈的重要考量。儘管區塊鏈技術本身具備公開透明的特性，但在涉及跨境數據遷移時，數據的隱私性與訪問許可權必須受到嚴格控制。為此，我們採用了零知識證明（ZKP）與分佈式訪問控制協議，確保數據在跨境傳輸過程中既能滿足監管要求，又不洩露敏感信息。例如，投資者在查詢其 NFR 的權益明細時，只能看到與其權益相關的數據片段，而無法獲取其他投資者的隱私信息。

（3）跨境法律架構：從國內合規到國際適配的制度橋樑

PRE-RWA 的最終目標是為未來海外 RWA 的發行預留空間，因此其合規路徑必須兼顧國內與國際市場的法律適配。在珠海零碳園區的案例中，我們設計了一套分階段合規的法律架構，確保項目在國內合規的前提下，能夠無縫銜接海外市場的監管規則。

在國內合規層面，我們通過法律合約的精細化設計規避監管風險。例如，NFR 的發行被定義為「非金融屬性的數碼權益」，其權益基於合同約定而非公開交易的金融工具。這一設計不僅滿足了《證券法》對「公開發行證券」的限制，也為未來 RWA 通證的發行預留了法律接口。此外，我們還與金杜律師事務所合作，設計了詳細的 NFR 權益合約，明確權益結算、退出機制與爭議解決條款，確保權益結構的透明性與可執行性。

在跨境適配層面，我們通過持牌機構的承銷與託管滿足國際市場的流動性規則。例如，在珠海零碳園區的案例中，RWA 通證的發行由香港證監會持牌機構負責承銷，並通過港元計價與合規交易所完成發行。這一設計不僅降低了跨境法律衝突的風險，也確保了海外投資者對資產真實性的信任。此外，我們還引入了國際合規的法律意見書，由金杜律所出具的合規法律意見書（摘要版）作為項目的重要檔，進一步增強了項目的國際認可度。

更深遠地看，跨境法律架構的設計還涉及稅收與監管協調的問題。例如，RWA 通證的發行需考慮不同國家的稅收規則，確保投資者在跨境權益分配時不會因重複徵稅而受損。為此，我們與國際稅務顧問合作，設計了跨境稅收優化方案，通過設立離岸 SPV（特殊目的公司）與合規的股權結構，實現稅收成本的最小化。

（4）合規路徑的辯證性思考：制度約束與創新突破的平衡

在 PRE-RWA 的合規路徑設計中，我們始終面臨一個核心矛盾：如何在嚴格監管的框架下實現創新突破？**這一矛盾的本質，是制度約束與技術可能性之間的張力。**

一方面，國內監管環境對「虛擬貨幣」「證券化資產」等概念的界定極為嚴格，任何試圖繞過監管的行為都可能面臨法律風險。因此，PRE-RWA 的合規路徑必須在現有法律框架內尋找創新空間。這種設計體現了制度約束下的創新思維——在不違反現有規則的前提下，通過技術手段與法律架構的創造性適配，實現價值的釋放與流通。

另一方面，國際市場的監管規則與技術標準存在差異，PRE-RWA 的跨境適配必須在不同制度之間找到平衡點。例如，海外 RWA 的發行需符合當地市場的流動性規則與數據合規要求，這要求我們在設計法律架構時必須充分考慮國際市場的相容性。這種設計體現了全球化視野下的制度協調——通過分階段合規與持牌機構的承銷，實現從國內合規到國際適配的無縫銜接。

2.3.1. 小結

PRE-RWA 的合規路徑設計揭示了一個深刻的命題：**合規不是對創新的限制，而是對創新的賦能。**通過資金託管、數據上鏈與跨境法律架構的系統化設計，我們不僅確保了項目的合法性，也為未來的資產流通與價值釋放奠定了堅實基礎。這種以合規為核心驅動的創新模式，或許正是 PRE-RWA 在數碼經濟時代中最具戰略意義的價值所在。

第二篇：

技術路徑
與合規框架

第三章
NFT/NFR：數碼權益的合規化實踐

3.1. 從加密藝術到實體映射：NFT 的金融化改造

NFT（非同質化代幣）自誕生以來，始終圍繞「數碼所有權」這一核心命題展開。其最初的爆發源於加密藝術領域的炒作熱潮——藝術家通過鑄造數碼藝術品並將其掛上 OpenSea 等平台，吸引投資者以天價競拍。然而，這種模式很快暴露出兩大問題：價值虛高與流動性缺失。由於 NFT 的稀缺性依賴於市場共識而非實體資產支撐，其價格波動往往脫離實際價值，導致投資者陷入「擊鼓傳花」的投機循環。與此同時，NFT 的流動性也受到限制——大多數 NFT 難以像傳統資產那樣通過二級市場快速變現，進一步加劇了其金融屬性的不穩定。

（1）NFT 的金融化困境：從「藝術炒作」到「價值實體化」的挑戰

NFT 的早期發展本質上是一場關於「數碼稀缺性」的實驗。加密貓（CryptoKitties）的虛擬寵物交易、Bored Ape Yacht Club 的社區文化構建，都試圖通過區塊鏈技術賦予數碼資產獨特的所有權證明。然而，這種「所有權」更多是虛擬空間內的符號化表達，而非與實體經濟掛鉤的實際權益。當市場熱度消退後，NFT 的價值便迅速回歸理性，甚至陷入「價值何在」的質疑。

更深層次的問題在於，NFT 的金融化本質與現行監管框架存在衝突。例如，若 NFT 被賦予潛在權益（如使用權、優先認購權），其性質可能被認定為「證券」，從而觸發《證券法》的嚴格審查。這種法律風險使得 NFT 在金融化進程中面臨「創新」與「合規」的雙重考驗。

例如，2024 年香港某藝術品 NFT 專案因將權益與代幣綁定，被質疑違反《證券及期貨條例》。專案方通過以下手段化解風險。

香港某藝術品 NFT 項目化解風險手段

手段	描述
分層權益設計	NFT 僅代表「數碼展示權」，而版權收益通過獨立智能合約分配，需持有者簽署法律協議後方可獲取
監管沙盒適配	通過香港 Ensemble 沙盒，將 NFT 與港元穩定幣（如 HKD-ON）綁定，確保收益結算的合規性

（2）金融化改造的核心邏輯：從「所有權」到「權益分層」

為突破上述困境，NFT 的金融化改造必須重新定義其價值錨定邏輯。傳統 NFT 的「所有權」概念過於單一，僅指向數碼資產的唯一性，而缺乏與實體經濟的直接聯繫。因此，金融化改造的核心在於：將 NFT 從單純的「所有權證明」升級為「複合型數碼權益載體」，通過區塊鏈技術將實體資產（如清潔能源設備、碳匯收益權）與 NFT 綁定，並賦予其多元化的收益來源（如分紅權、優先認購權、處置權），從而構建起一個兼具穩定性與流動性的價值體系。

例如，若 NFT 與一座微風發電設備的運營收益掛鉤，投資者不僅可以通過 NFT 證明對設備的部分所有權，還能即時獲取設備的發電數據、碳減排量及權益機構分配明細。這種設計將 NFT 的價值直接錨定於實體資產的運營表現，而非單純的市場共識，從而解決了傳統 NFT「價值虛高」的問題。

（3）技術路徑：數據確權與權益分層的實現

NFT 的金融化改造需要依賴技術手段確保其底層資產的真實性與權益分配的透明性。首先，數據確權是基礎。實體資產的運營數據（如發電量、碳減排量）需通過物聯網感測器即時採集，並由第三方機構（如 SGS）進行物理確權。這些數據隨後被同步至區塊鏈平台，形成不可篡改的數碼資產憑證。這一過程不僅確保了 NFT 底層資產的真實性，也為未來 RWA 通證的發行提供了技術接口。

其次，權益分層是關鍵。通過智能合約，NFT 的權益可以被拆分為不同的層級，滿足不同投資者的風險偏好。例如，偏好穩定收益的投資者可選擇實體資產兌換權，而追求高風險高回報的投資者則可通過優先認購權參與未來的跨境資產流通。這種分層設計不僅增強了 NFT 的實用性，還通過多元化的收益來源提升了其金融屬性。

金融化改造通過技術手段構建「流動性分層」，將 NFT 轉化為可拆分、可組合的標準化權益。

技術路徑 1：分片技術與權益小額化

高價值資產（如名畫、地產）通過分片技術拆分為小額權益份額，降低參與門檻。例如：

① 畢加索畫作 NFT 的拆分實踐：

某藝術基金將畢加索《靜物與籐椅》NFT 分割為 4,000 份 ERC-1155 代幣，每份對應 0.025% 的權益。投資者僅需支付 2,000 美元即可參與，而完整權益仍由 SPV 持有。

② 技術實現：

智能合約通過動態質押率算法監控市場波動，當某份額價格跌破清算線時，自動觸發保險池補償，將壞賬率控制在 1.2% 以下。

技術路徑 2：流動性池模式與標準化定價

NFTX 等協議通過「池化」同類 NFT，生成可交易的 ERC-20 代幣（如 vToken），實現價格統一與即時交易。例如：

① Azuki 系列 NFT 的流動性池：

用戶將 Azuki NFT 存入池中，鑄造 vAzuki 代幣，其價格由池內 NFT 的加權均價決定。買家可隨時以底價購買任意 Azuki NFT，流動性池自動匹配最優標的。

② 風險與收益平衡：

該模式通過「動態權重算法」解決 NFT 估值差異：熱門 NFT 在池中占比更高，其持有者獲得更高收益權，但需承擔市場波動風險。

借貸市場的雙軌制：P2P 與協議化博弈

① P2P 借貸：高風險與機遇并存：

NFTfi 平台允許用戶抵押 NFT 進行資產質押，但需承擔 NFT 價格波動導致的強制清算風險。例如，某用戶抵押價值 10 萬美元的 Bored Ape NFT 借款 6 萬美元，若 NFT 價格急跌至質押率下限，系統將自動觸發清算程式。此模式雖提供靈活資金安排，但需投資者具備風險評估能力。

② 協議化借貸：算法定價與藍籌依賴：

JPEG’d 等協議通過預言機自動評估 NFT 價值，僅支持藍籌 NFT（如 CryptoPunks）抵押，並設置抵押率上限（如 60%）。其優勢在於無需人工審核，但覆蓋資產範圍受限。

（4）從「加密藝術」到「實體資產」的範式遷移

NFT 的金融化改造不僅是技術升級，更是一場價值認知的範式遷移。在加密藝術時代，NFT 的價值依賴於市場共識；而在實體資產映射時代，其價值必須建立在真實經濟活動與制度保障的基礎上。這種轉變的深層意義在於：它證明了 NFT 可以超越「數碼藏品」的範疇，成為連接虛擬經濟與實體經濟的橋樑。

例如，若 NFT 與碳減排數據結合，投資者可通過 NFT 即時查看碳減排量的生成過程，並參與碳權相關的資產管理。此設計不僅提升 NFT 的實用性，更通過數據透明化與權益分層增強其金融屬性。

（5）辯證視角：創新與監管的動態平衡

NFT 的金融化改造始終面臨一個核心矛盾：如何在嚴格監管的框架下實現價值創新？

一方面，國內監管環境對「虛擬貨幣」「證券化資產」等概念的界定極為嚴格，任何試圖繞過監管的行為都可能面臨法律風險。因此，NFT 的金融化必須在現有法律框架內尋找創新空間。例如，通過將 NFT 定義為「非金融屬性的數碼權益」，可以規避《證券法》對「公開發行證券」的限制，同時為未來 RWA 的發行預留法律接口。這種設計體現了制度約束下的創新思維——在不違反現有規則的前提下，通過技術手段與法律架構的創造性適配，實現價值的釋放與流通。

另一方面，國際市場的監管規則與技術標準存在差異，NFT 的跨境適配必須在不同制度之間找到平衡點。例如，海外 RWA 的發行需符合當地市場的流動性規則與數據合規要求，這要求我們在設計法律架構時必須充分考慮國際市場的相容性。這種設計體現了全球化視野下的制度協調——通過分階段合規與持牌機構的承銷，實現從國內合規到國際適配的無縫銜接。

儘管 NFT 的金融化改造已取得進展，但其規模化仍面臨三大挑戰：

NFT 規模化面臨的三大挑戰

挑戰	描述	案例	解決方案 / 改進方向 / 應對策略
挑戰 1	價值錨定的「真實性」爭議	2023 年某元宇宙地塊 NFT 項目因虛報土地面積被起訴，法院要求平台提供衛星測繪與土地權屬證明，凸顯數據溯源的重要性。	引入「雙鏈驗證」——物理資產數據通過 IoT+ 人工審計上鏈，法律權屬通過司法鏈存證，形成「技術 + 法律」的雙重可信憑證。
挑戰 2	流動性分層的「公平性」質疑	NFTX 流動性池因權重演算法偏向高價值 NFT，導致中小投資者收益不公。	採用「動態參與度權重」，根據用戶持有時間與交易貢獻分配收益，平衡市場公平性。
挑戰 3	跨境合規的「法律衝突」風險	某跨境 NFT 基金因香港與新加坡對收益權的定義差異，面臨雙重徵稅風險。	通過「監管合規矩陣」設計，確保架構符合所有司法管轄區的最低合規標準，例如： ① 在香港採用 Ensemble 沙盒的「1:1 資產抵押」規則； ② 在新加坡利用 MAS 的 DeFi 合規框架，豁免部分牌照要求。

3.1.1. 小結

NFT 的金融化改造不僅是技術升級，更是對價值體系的重構。通過將實體資產映射為數碼權益，並通過數據確權、資金託管與法律架構的系統化設計，NFT 得以擺脱「加密藝術」的泡沫陰影，成為連接實體經濟與數碼經濟的基礎設施。

未來，隨着國內對 RWA 監管框架的逐步完善，以及國際市場的技術標準趨同，NFT 有望成為綠色金融與數碼資產融合的關鍵路徑。通過這一模式，企業不僅能在國內合規框架下完成資產價值的初步釋放，還能為全球資本市場的參與奠定基礎，最終實現從「數碼藏品」到「實體資產通證化」的跨越。

3.2. 國內 NFR 模式解析：螞蟻鏈馬陸葡萄數據資產化案例

NFR（非同質化權益）作為 NFT 在合規領域的延伸，其核心在於將實體資產的運營數據與數碼權益深度綁定，並通過區塊鏈技術實現資產數據的透明化與權益分配的自動化。這一模式的實施路徑不僅需要技術支撐，更需多方協作與制度設計的精准適配。以螞蟻鏈馬陸葡萄項目為例，我們可以清晰地看到國內 NFR 模式的實踐邏輯：**如何通過數據資產化，將傳統農業資源轉化為可發行的數碼權益**，並在此過程中構建起從數據採集到權益分層的完整閉環。

（1）NFR 的實施路徑：從數據確權到權益分層

馬陸葡萄項目的核心在於將葡萄園的種植數據（如土壤濕度、光照時長、碳減排量）與 NFR 綁定，並賦予其多元化的收益結構（如碳權交易收益、葡萄產量分紅權）。這一過程的實施路徑可分為四大階段，每一階段均需多方參與並解決關鍵問題。

- 數據採集與物理確權

葡萄園的種植數據是 NFR 價值錨定的基礎。為此，項目方部署了物聯網感測器，即時採集土壤濕度、光照強度、温濕度等環境數據，並同步記錄葡萄的生長週期與產量預測。然而，數據的真實性和權威性是首要挑戰。例如，若數據被人為篡改或感測器失效，NFR 的底層資產將失去可信度。為此，項目引入了第三方機構（如 SGS）進行物理確權——對葡萄園的種植面積、設備部署情況及數據採集流程進行獨立驗證，並將結果同步至區塊鏈平台（如螞蟻鏈）。這一過程不僅確保了數據的真實性，也為後續權益結構設計提供了法律依據。

- 數據上鏈與資產數碼化

在完成物理確權後，數據需通過區塊鏈技術實現資產化。螞蟻鏈作為技術底座，為該項目提供了數據存證與智能合約部署的能力。具體而言，葡萄園的即時數據（如土壤 PH 值、碳減排量）被同步至區塊鏈，並通過哈希算法生成不可篡改的數碼憑證。同時，NFR 的權益結構（如參與權、優先認購權）也被編碼為智能合約，確保權益結構設計的自動化與透明化。例如，當葡萄園的碳減排量達到預設閾值時，智能合約將自動觸發權益結構的分配，無需人工干預。

- 權益分層與市場適配

NFR 的價值不僅依賴於數據的準確性，還需通過權益分層滿足不同參與者的需求。在馬陸葡萄項目中，NFR 被拆分為三層權益：

- 基礎權益層：投資者獲得葡萄產量的權益參與，其結構與葡萄的生長數據掛鉤。
- 增值權益層：參與者可通過碳減排數據的公開透明，參與碳權相關的資產管理。
- 優先認購層：參與者在項目擴展階段（如新增葡萄園或升級設備）享有優先認購權，鎖定未來資產參與機會。

這種分層設計不僅降低了參與門檻（如基礎權益層適合穩健型參與者），還通過多層次的結構設計提升了 NFR 的吸引力。例如，偏好風險的參與者可通過優先認購權參與項目擴張，而保守型參與者則專注於穩定的數據參與。

- 合規架構與風險緩釋

NFR 的發行與流通必須在法律框架內完成，以規避「證券化」風險。在馬陸葡萄項目中，法律團隊（如金杜律師事務所）設計了 NFR 權益合約，明確權益結構、退出機制與爭議解決條款。例如，NFR 被定義為「非金融屬性的數碼權益」，其參與結構基於合同約定而非公開交易的金融工具，從而規避《證券法》的直接適用。此外，項目還引入了風險準備金機制——從每份 NFR 的收益中提取 5% 作為緩衝基金，以應對市場波動或自然災害導致的參與結構調整下降。

（2）關鍵參與方與協作機制

NFR 模式的落地需要多方協作，每一家機構在其中扮演不可或缺的角色：

- 項目發起方（如葡萄園企業）：負責實體資產的運營與數據採集，並承擔資產維護的主體責任。
- 技術提供方（如螞蟻鏈）：提供區塊鏈基礎設施與智能合約開發能力，確保數據上鏈與權益結構的自動化。
- 第三方機構（如 SGS）：完成物理確權與數據驗證，增強底層資產的可信度。
- 法律團隊（如金杜律所）：設計合規權益合約，明確權益邊界與風險分擔機制。
- 金融機構（如銀行或數碼資產交易平台）：提供資金託管服務，確保募集資金專款專用，並通過合規平台完成 NFR 的發行與交易。

這一協作機制的核心在於**風險共擔與價值共用**。例如，若葡萄園因極端天氣導致產量下降，風險準備金將優先用於補償投資者；若碳權交易市場波動劇烈，優先認購權的設計則為投資者提供了對沖機會。這種多方協作的生態不僅降低了單一主體的風險，也通過制度設計增強了項目的可持續性。

（3）核心設計點與創新價值

馬陸葡萄項目的成功，源於其在數據資產化、權益分層與合規適配三方面的創新：

- 數據資產化的技術突破

傳統農業資源的數碼化長期面臨「數據孤島」與「可信度不足」的難題。而通過物聯網感測器與區塊鏈的結合，馬陸葡萄項目實現了數據的即時採集與不可篡改性，為農業資產的通證化提供了技術基礎。例如，投資者可通過 ECO Link DATA SPACE 平台即時查看葡萄的生長狀態與碳減排量，這種透明化設計不僅增強了投資者的信任，也解決了傳統農業「信息不對稱」的痛點。

- 權益分層的市場適配

NFR 的分層設計打破了傳統 NFT「所有權唯一」的局限性，通過多元化結構設計來源滿足不同投資者的需求。例如，基礎權益層的固定分紅權吸引了穩健型投資者，而優先認購權則為風險偏好較高的投資者提供了參與項目擴張的機會。這種設計不僅擴大了潛在參與者羣體，也通過多層次的結構設計提升了資產的流動性。

- 合規適配的制度創新

在國內嚴格的監管環境下，NFR 的發行必須規避「證券化」風險。馬陸葡萄項目中，NFR 的參與結構基於合同約定而非公開交易，並引入法律合約與風險準備金機制，構建了合規與創新的平衡點，這既滿足了監管要求，又為未來 RWA 的發行預留了接口。

（4）辯證視角：NFR 模式的潛力與挑戰

NFR 模式的實踐揭示了一個深刻的命題：**如何在技術可能性與制度約束之間找到創新空間。**一方面，中國內地對「虛擬貨幣」「證券化資產」的監管極為嚴格，任何試圖繞過監管的行為都可能面臨法律風險。因此，NFR 的合規路徑必須在現有法律框架內尋找突破口。

另一方面，NFR 的推廣仍需解決市場接受度與技術標準的相容性問題。例如，儘管區塊鏈技術能夠確保數據的真實性，但參與者對數碼權益的認知仍處於初級階段。此外，不同行業的數據採集標準與資產屬性差異較大，NFR 模式的複製需針對具體場景進行定制化設計。

3.2.1. 小結

馬陸葡萄項目為國內 NFR 模式的實踐提供了可複製的範本。通過數據資產化、權益分層與合規適配的系統化設計，NFR 不僅突破了傳統 NFT 的「藝術炒作」局限，還為農業、能源等實體經濟的數碼化轉型開闢了新路徑。這一模式的價值在於：它證明了數碼權益可以成為連接實體經濟與數碼經濟的橋樑，並通過技術與制度的協同創新，在合規框架下釋放資產價值。

未來，隨着國內對 RWA 監管框架的完善，以及國際市場的技術標準趨同，NFR 有望成為綠色金融與數碼資產融合的關鍵路徑。通過這一模式，企業不僅能在國內合規框架下完成資產價值的初步釋放，還能為全球資本市場的參與奠定基礎，最終實現從「數據資產化」到「實體資產通證化」的跨越。

3.3. 法律邊界：知識產權、反洗錢與消費者保護

在數碼權益（NFT/NFR）的實踐中，法律邊界始終是不可忽視的核心命題。無論是知識產權的歸屬、反洗錢的合規性，還是消費者權益的保護，每一個環節都可能成為項目成敗的關鍵。數碼資產的特殊性在於其虛擬性與全球化流通的特性，這使得其法律風險遠超傳統金融產品。因此，在推動 NFT/NFR 創新的同時，必須以法律框架為底線，通過制度設計與技術手段的結合，確保合規性與創新性的平衡。

3.3.1. 知識產權：數碼資產的原創性與權利歸屬

數碼權益的核心價值之一在於其「非同質化」的獨特性，而這種獨特性往往依賴於知識產權的清晰界定。例如，一個 NFT 藝術品的價值不僅源於其區塊鏈上的唯一性，更取決於其背後的版權、商標權或專利權是否完整。若創作者未明確授權，或平台未建立有效的版權審核機制，數碼資產可能因侵權風險而失去價值，甚至引發法律糾紛。

在 NFT/NFR 的實踐中，知識產權問題主要體現在兩個層面：數碼內容的原創性與實體資產的權屬證明。以 NFT 藝術品為例，若創作者將他人作品鑄造為 NFT 並出售，不僅違反《著作權法》，還可能因「數碼盜版」引發大規模訴訟。同樣，在 NFR 項目中，若實體資產（如清潔能源設備、碳匯權）的專利權、土地使用權或碳權未明確登記，數碼權益的底層資產可能因權屬不清而喪失法律效力。

為此，數碼權益的發行方必須建立知識產權審核與確權機制。例如，通過第三方機構對數碼內容或實體資產進行權屬驗證，並在區塊鏈上同步存證，確保底層資產的合法性。此外，智能合約的設計需嵌入知識產權條款，確保每一次交易均符合法律規定。例如，若 NFT 藝術品的版權歸屬方未在合約中明確約定，新持有者可能無法合法使用

或複製該作品，從而引發爭議。

3.3.2. 反洗錢：數碼資產流通中的風險防控

數碼資產的匿名性與跨境流動性，使其成為洗錢犯罪的潛在工具。儘管區塊鏈技術本身具備透明性，但若缺乏有效的監管措施，數碼權益仍可能被用於非法資金轉移。例如，犯罪分子可通過購買 NFT/NFR，將非法所得「洗白」為看似合法的數碼資產，再通過二級市場變現。

在 NFT/NFR 的實踐中，反洗錢（AML）合規需從身份識別、交易監控與風險評估三方面入手。首先，發行平台必須嚴格執行 KYC（客戶身份驗證）規則，對投資者的身份證件、資金來源及交易行為進行審核。例如，投資者需提供金融資產證明，並簽署風險揭示書，確保其具備合規的資質。

其次，交易監控是反洗錢的核心環節。數碼資產的每一次轉賬、拍賣或兌換都需通過區塊鏈分析工具進行追蹤，識別異常交易模式。例如，若某一 NFT 在短時間內頻繁易手，或交易金額與投資者歷史行為嚴重偏離，系統應自動觸發風險預警，並凍結相關帳戶。此外，發行方還需與持牌金融機構合作，確保資金託管帳戶的交易記錄可被監管機構追溯。

最後，風險評估需貫穿項目的全生命週期。例如，在 NFR 的發行階段，需評估投資者的資金來源是否合法；在 RWA 通證的跨境發行中，則需考慮目標市場的反洗錢法規差異。以國際合規交易所為例，所有交易數據必須通過持牌機構進行託管與報告，確保符合當地法律要求。

3.3.3. 消費者保護：數碼權益交易中的權利與義務

數碼權益的複雜性與技術門檻，使得消費者保護成為不可忽視的法律命題。許多投資者對 NFT/NFR 的底層資產、權益結構及退出機制缺乏充分認知，若平台未能履行信息披露義務，可能引發大規模投訴甚至法律訴訟。

在消費者保護層面，數碼權益實踐需重點關注信息披露、風險提示與爭議解決。首先，發行方必須通過透明的信息披露，向投資者說明數碼權益的底層資產、權益結構及潛在風險。例如，所有資產數據需通過區塊鏈平台即時公開，確保投資者可隨時查詢。

其次，風險提示是防範消費者誤導的關鍵。數碼權益的價值往往依賴於市場波動與政策變化，若投資者未充分瞭解風險，可能因價格下跌或政策調整而蒙受損失。因此，發行方需在合同中明確風險因素，並要求投資者簽署風險揭示書。例如，投資者需知曉 NFR 的鎖定期、退出機制及可能的權益波動性，並承諾承擔參與風險。

最後，爭議解決機制是消費者保護的兜底措施。由於數碼權益交易具有跨境性與技術性，傳統法律訴訟可能面臨管轄權爭議或執行困難。為此，發行方需在合約中約定仲裁條款，並選擇國際認可的仲裁機構（如新加坡國際仲裁中心）。此外，平台還應建立投資者申訴渠道，確保爭議可在合規框架內快速解決。

3.3.4. 法律邊界的合規思考

NFT/NFR 的合規化實踐揭示了一個核心命題：技術的顛覆性創新必須以法律確權為前提，流動性釋放需以風險可控為邊界。

（1）技術賦能下的法律重構

區塊鏈的不可篡改性解決了傳統資產確權的「信任赤字」，但法律體系的滯後性仍構成瓶頸。例如，某企業將土地使用權 NFT 化後，因未能同步更新不動產登記簿，導致 NFT 持有者無法主張物權。這一問題倒逼各國加速立法：中國《數據資產管理辦法》已明確「數碼權益可依法納入物權登記範圍」，而歐盟正研究將 NFT 納入《數碼金融服務指令》（DSFinS）的監管框架。

（2）流動性創新的風險邊界

NFT 的碎片化交易雖提升了市場活躍度，但也放大了投機泡沫。2024 年 OpenSea「Azuki 流動性池擠兑事件」中，因算法權重偏差導致中小投資者收益驟降 30%，暴露了「技術民主化」背後的權力失衡。對此，新加坡 MAS 提出「流動性池分級管理」方案：根據資產類型設定不同的杠杆上限與清算閾值，例如房地產 NFT 流動性池抵押率不得超過 60%，而數碼藝術 NFT 流動性池則允許 80% 的杠杆。

（3）未來展望：AI 驅動的動態合規框架

隨着 AI 技術的成熟，動態合規框架將成為主流。例如，摩根大通 Onyx 的即時監管引擎可通過自然語言處理（NLP）解析監管政策變化，並自動調整風控參數。假設某國突然禁止 NFT 衍生品交易，系統將在 5 分鐘內暫停所有相關訂單，並向用戶推送合規提示。這種「政策 - 技術 - 市場」的即時聯動，或將徹底改變數碼金融的運行邏輯。

NFT 監管隨着技術的發展由被動轉為主動

3.3.5. 小結

數碼權益的法律邊界不僅是風險防控的底線，更是創新發展的基石。通過知識產權的確權、反洗錢的合規設計與消費者保護的制度安排，數碼權益的實踐才能在合法框架內穩健運行。未來，隨着跨鏈互操作協議（如新加坡項目 Guardian）與 AI 監管引擎的普及，數碼資產的全球化流通將邁入「可信、透明、高效」的新紀元。

第四章
STO：證券型通證的全球合規發行

證券型通證（Security Token Offering, STO）是數碼金融領域的重要創新形式，其本質在於將現實資產（如房地產、股票、債券）通過區塊鏈技術轉化為可交易的數碼化權益憑證，並納入傳統證券監管體系。這一模式的核心價值在於平衡技術創新與法律合規，既保留了區塊鏈的透明性與流動性優勢，又通過法定監管框架保障投資者權益。

4.1. 香港 9 號牌照實操：政府代幣化綠色債券發行

4.1.1. 香港 9 號牌照的定義與作用

在證券型通證（STO）的全球合規發行中，香港 9 號牌照（第 9 類受規管業務資格牌照）是進入香港資產管理市場的核心資質。根據《證券及期貨條例》，9 號牌照允許持牌機構為境內外客戶提供證券或期貨合約管理服務，涵蓋股票、債券、基金、衍生品等全品類資產的管理。其核心價值在於：

① 國際市場准入資格

持有 9 號牌照的機構可直接參與全球資本市場投資，並通過「滬港通」「深港通」「QFLP」等機制聯動內地與國際市場。例如，持牌機構可通過 QDII 渠道投資內地 A 股，或通過有限合夥基金（LPF）架構募集海外資金投向境內項目。

② 全品類資產覆蓋能力

區別於內地私募牌照的細分類型，9 號牌照允許管理股權、債券、衍生品、外匯及虛擬資產（不超過 AUM 的 10%）等全品類資產。例如，持牌機構可發行混合策略基金，同時配置股票、期貨及合規虛擬貨幣。

③ 投資者結構靈活性

普通 9 號牌照可接受專業投資者（PI）及普通投資者，最低認購門檻無強制要求；而「小 9 號牌照」則僅限專業投資者。這種靈活性為 STO 的投資者適配提供了多樣化的選擇。

4.1.2. 9 號牌照的申請流程與核心要求

香港的 9 號牌照由證券及期貨事務監察委員會（SFC）頒發，屬於《證券及期貨條例》下的資產管理牌照，是任何機構從事證券型通證發行與管理的必備資質。其核心要求包括：

① 公司架構與資本要求：申請主體需在香港註冊持牌公司，註冊資本不低於 500 萬港元，並具備完善的治理結構。例如，公司需設立董事會、任命至少兩名「負責人員」（Responsible Officer, RO），且 RO 需通過 SFC 的「本地監管架構考試」，證明其對證券法規及反洗錢政策的理解能力。

② 「適當人選」測試：SFC 會全面評估公司的財務狀況、內部控制系統、人員專業能力及商業信譽。例如，申請材料需包含詳細的業務計劃書、合規手冊、反洗錢政策檔，並提交過往三年的審計報告。若公司存在關聯實體或境外業務，還需額外披露潛在利益衝突。

③ 持續合規義務：持牌後，公司需每月向 SFC 提交財政資源申報表，每年提交經審核的財務報表，並確保管理層及核心職能主管（如風險管理、信息技術負責人）持續符合「適當人選」標準。此外，若公司涉及跨境業務（如代幣化美國房地產），還需遵守雙重監管規則（如美國證券法 SEC 1933 法案）。

機構獲取香港 9 號牌照的要素

持續合規義務

確保持續的監管合規

公司結構

在香港註冊並滿足資本要求

適當人選測試

在證券型通證（STO）的香港合規發行實踐中，香港特區政府代幣化綠色債券是 2023 年至 2025 年間最具代表性的案例之一。這一項目通過香港金融管理局（HKMA）的主導，聯合滙豐銀行（持有 9 號牌照）與渣打銀行（持有 1 號與 9 號牌照）等持牌機構，成功將綠色債券發行與區塊鏈技術結合，成為全球首批由政府發行的代幣化證券。這一案例不僅展示了 STO 在綠色金融領域的創新潛力，也為香港作為國際金融中心的數碼化轉型提供了標杆。

（1）背景與核心邏輯：從「綠色金融」到「通證化突破」

綠色債券作為支持可持續發展的融資工具，長期面臨流動性不足與交易效率低的挑戰。傳統綠色債券的發行與交易依賴於紙質憑證或中心化託管系統，結算週期長、成本高，且缺乏透明度。而代幣化技術的引入，通過區塊鏈實現資產的數碼化與自動化交易，為綠色金融注入了新的活力。

香港特區政府的代幣化綠色債券項目，正是基於這一邏輯展開。其核心在於通過 STO 模式，將綠色債券的權益拆分為可交易的數碼通證，並依託區塊鏈技術實現資產的即時確權、智能合約自動執行與全球投資者的高效參與。這一模式的本質是將「低流動性」的綠色債券轉化為「高流動性」的數碼證券，並通過合規框架下的技術適配，為全球資本市場的綠色投資開闢新路徑。

（2）實操過程：從牌照申請到通證發行的全流程設計

該項目的成功，離不開對香港金融監管規則的深度適配。其核心在於通過 9 號牌照的合規框架，將綠色債券定義為「證券型通證」，並確保其發行與交易符合《證券及期貨條例》的要求。以下是項目的關鍵實操環節：

① 牌照申請與法律架構設計

香港金管局（HKMA）作為項目的牽頭機構，聯合滙豐銀行（持有 9 號牌照）與渣打銀行（持有 1 號與 9 號牌照），共同構建了合規發行的底層架構。滙豐銀行作為託管機構，負責資金與通證的託管，確保資金流向與資產權益的分離；渣打銀行則提供智能合約技術支持，通過以太坊區塊鏈開發通證，並嵌入固定利率票息與自動派息邏輯。項目方通過金管局的 Evergreen 計劃，完成了代幣化債券的技術驗證與法律確權。例如，2023 年 2 月發行的首批 8 億港元代幣化綠色債券，採用私有區塊鏈網絡完成 T+1 貨銀兩訖（DvP）結算，確保證券代幣與現金代幣的同步交收。這一設計不僅滿足了《證券及期貨條例》對證券發行的合規要求，還通過區塊鏈的透明性降低了操作風險。

② 資產確權與數據上鏈

代幣化綠色債券的底層資產需以真實綠色項目為基礎。香港金管局聯合第三方機構（如 SGS）對債券募集資金的使用方向進行驗證，確保資金用於可再生能源、低碳建築等符合國際綠色標準的項目。這些數據隨後被同步至區塊鏈平台（如高盛的 GS DAPTM），形成不可篡改的數碼憑證。例如，投資者可通過 ECO Link DATA SPACE 平台即時查看資金流向與項目進展，確保資產的合規性與透明性。

③ 通證設計與收益權分割

項目通證設計採用了分級收益權模型，以滿足不同投資者的需求：

- 優先順序通證：持有者優先獲得固定利率票息（如 4.05%），收益穩定但不參與資產增值分配。
- 次級通證：持有者在優先順序收益分配後，參與剩餘收益與資產增值分配。
- 浮動收益權通證：持有者的收益與特定綠色項目的碳減排量掛鉤，例如風電場的發電量或碳匯交易收益。

這種分層設計不僅降低了投資門檻（如最低認購額為 10 萬港元），還通過風險分層吸引了更多機構投資者的參與。

④ 合規交易所掛牌與流動性管理

通證發行後，需通過持牌交易所完成二級市場流通。香港金管局聯合 OSL（Oslo Crypto Exchange Hong Kong）與 HashKey，將通證掛牌交易，並引入做市商機制以提升流動性。例如，2024 年 2 月發行的第二批代幣化綠色債券（總值 60 億港元，涵蓋港元、人民幣、美元、歐元四種貨幣），通過 CMU（債務工具中央結算系統）完成結算，並在高盛的 GS DAPTM 平台上實現通證的自動化交易。 項目方還通過動態定價模型調整通證價格，使其反映底層資產的即時價值。例如，當碳減排量增加時，通證價格自動上浮；當市場波動導致資金需求上升時，價格則相應下調。這種設計確保了通證價格與資產價值的強關聯性。

⑤ 投資者保護與風險緩釋

為降低投資者風險，項目引入了多重保障機制：

- 資金託管：所有募集資金由滙豐銀行託管，專款用於綠色項目實施，並通過區塊鏈記錄資金流向。
- 風險準備金：從每筆收益中提取 5% 作為緩衝基金，以應對市場波動或項目執行中的意外風險。
- 退出機制：投資者可通過通證回購協議（由金管局提供）或二級市場轉讓退出投資。

（3）主要成果與收益分析

該項目的成功，體現在以下幾個方面：

① 融資效率的突破

在傳統模式下，綠色債券的發行週期通常長達 6-12 個月，且融資成本較高。而代幣化綠色債券項目通過 STO 模式，僅用 3 個月便完成 8 億港元的首期發行，並在 2024 年進一步擴大至 60 億港元。這一速度與成本優勢，顯著提升了綠色項目的資金周轉效率。

② 投資者參與度的提升

項目首期吸引了 1,200 名投資者，其中 80% 為機構投資者（如中東主權基金、亞洲資管公司）。通過分級通證設計，項目成功將投資門檻從數百萬港元降至 10 萬港元，大幅擴大了潛在投資者基數。

③ 收益表現與流動性驗證

項目運行 12 個月後，通證的年化收益率達到 6.8%，高於同期傳統綠色債券的平均收益率（約 5-6%）。此外，二級市場日均交易量達 500 萬港元，證明了通證的流動性價值。

④ 合規與市場認可

項目獲得了香港證監會與金管局的雙重認可，並成為全球首批政府代幣化債券的標杆案例。2025 年《財政預算案》明確將代幣化債券納入政策支持範疇，並計劃推出第二份虛擬資產政策宣言，進一步鞏固香港作為「全球綠色金融中心」的地位。

（4）挑戰與辯證思考：合規創新與市場教育的平衡

儘管項目取得顯著成果，其推進過程中仍面臨諸多挑戰：

① 合規成本與技術門檻

申請 9 號牌照需投入大量資源（如技術審計、法律架構設計），這對中小型企業而言可能構成障礙。此外，區塊鏈系統的開發與維護成本較高，需長期投入。

② 投資者認知與市場接受度

許多投資者對「通證化綠色債券」的概念仍存疑慮，擔心其與「虛擬貨幣」的界限模糊。為此，項目方通過投資者教育計劃（如線上研討會、白皮書解讀）逐步建立信任。

③ 資產價值波動與風險傳導

綠色項目的週期性波動可能影響通證價格穩定性。例如，碳減排量受政策調整影響時，浮動收益權通證的價格可能劇烈波動。項目方通過風險準備金與資產多元化策略（如同時持有多個綠色項目）緩解這一問題。

4.1.3. 小結

香港政府代幣化綠色債券項目證明了 STO 在綠色金融領域的可行性，也為全球合規框架下的數碼資產發行提供了範本。其價值在於：通過技術與制度的協同創新，將傳統綠色資產的「低流動性」轉化為「高流動性」，並為中小投資者開闢了參與可持續發展投資的新路徑。

未來，隨着全球監管框架的逐步完善（如歐盟 MiCA 法案的實施），STO 有望成為綠色金融的主流模式。而香港案例的經驗表明，成功的 STO 項目不僅需要技術突破，更需在合規設計、投資者教育與資產治理三方面構建閉環。這一實踐不僅推動了綠色金融的數碼化轉型，也為 Web3 時代的金融創新提供了深刻的啟示。

4.2. 美國 SEC 監管框架：tZERO 的 Reg A+ STO 發行

4.2.1. 美國 SEC 監管框架的核心邏輯

美國證券交易委員會（SEC）作為全球最具影響力的證券監管機構之一，其監管框架對 STO（證券型通證發行）的合規路徑具有決定性作用。SEC 的監管邏輯建立在證券法的普適性與投資者保護優先原則之上，其核心在於通過法律工具箱（如《1933 年證券法》《1934 年證券交易法》）對證券型通證的發行與交易進行約束，同時為創新提供制度接口。

SEC 對 STO 的監管框架可概括為「雙重路徑」模式：

① 註冊制路徑：要求發行方按照「公開發行」標準向 SEC 提交註冊檔，披露底層資產、財務數據及通證權益結構，並接受 SEC 的審查。這一路徑適用於融資規模大、流動性需求高的項目，但合規成本與信息披露要求極高。

② 豁免路徑：通過《1933 年證券法》下的 Regulation A+（Reg A+）、Regulation D（Reg D）、Regulation S（Reg S）等豁免條款，允許發行方在滿足特定條件（如投資者資格限制、禁售期要求）的前提下，無需全面註冊即可發行證券型通證。這一路徑更適用於中小項目，但需嚴格遵守豁免條款的邊界。

SEC 的監管框架本質是風險分層與市場效率的平衡術：一方面，通過嚴格的合規審查與信息披露要求，防止證券型通證成為「未註冊證券」的灰色地帶；另一方面，通過豁免條款的靈活設計，為數碼資產的創新實踐保留空間。這種制度設計既體現了 SEC 對傳統金融秩序的維護，也展現了其對技術變革的適應性。

美國證券交易委員會（SEC）對證券型通證（STO）的監管核心在於判斷某一資產是否符合「投資合同」的法律定義，而這一判斷依據正是 1946 年最高法院在 SEC 訴 WJ Howey Co. 案中確立的 Howey 測試。該測試包含四大要素：

Howey 測試四大要素

投資要素	描述
金錢的投資	投資者需投入資金
收益預期	投資目的是獲取利潤
共同事業	投資參與的是一個特定項目或實體
依賴他人努力	利潤來源於發行人或第三方的管理活動，而非投資者自身行為

若一項交易滿足這四個條件，則會被認定為「證券」，需遵守《1933 年證券法》和《1934 年證券交易法》的註冊與披露要求。然而，現實中許多創新金融模式（如區塊鏈項目、數碼資產證券化）難以完全規避 Howey 測試的適用範圍，因此，企業常通過豁免路徑實現合規發行。

4.2.2. SEC 監管下的 STO 合規路徑詳解

以 Regulation A+（Reg A+）為例，其合規流程與核心要求可揭示 SEC 監管框架的運行機制：

（1）法律定位與豁免條件

Reg A+ 是 SEC 為「小型上市」設計的豁免條款，允許發行方在 5000 萬美元融資上限內，向美國境內與境外投資者發行證券。其核心優勢在於：

Reg A+ 核心優勢

優勢	內容
投資門檻低	非合格投資者（普通公眾）可參與投資，且通證在發行後即可二級市場流通。
信息披露簡化	相較於全面註冊，Reg A+ 的披露要求更靈活，但需提交經審計的財務報告與通證白皮書
豁免適用範圍廣	僅限於符合條件的「非壞行為者」（即發行人及其關聯方無重大違法違規記錄）。

（2）合規流程與關鍵節點

前期準備：發行方需組建由律師、會計師、區塊鏈技術團隊組成的合規小組，明確通證的法律屬性（是否屬於證券）、底層資產結構（如房地產、債權或股權）及智能合約邏輯。

檔提交：向 SEC 提交 Form 1-A 註冊説明書，內容涵蓋項目背景、通證經濟模型、風險因素、投資者保護措施等。SEC 對檔進行形式審查與實質審查，通常耗時 1-3 個月。

投資者適配：發行方需通過 KYC（客戶身份驗證）與 AML（反洗

錢）程序篩選合格投資者，並向其提供風險揭示書。Reg A+ 允許普通投資者參與，但需設置投資金額上限（如單人年累計投資不得超過 10 萬美元或收入 / 淨資產的 10%）。

通證發行與交易：通過持牌 ATS（自動交易系統）平台完成通證的發行與二級市場交易。例如，Knowpia Inc.（2025 年 5 月）的 STO+ 框架通過 ATS 平台實現通證的合規交易。

（3）智能合約與法律架構的適配

SEC 的監管框架要求證券型通證的權益分配、收益權歸屬及退出機制必須通過法律合約與智能合約的雙重綁定實現。

① 收益權自動化：通過智能合約嵌入通證的分紅規則（如季度分紅比例），確保收益分配符合《證券法》對投資者權益的保障要求。

② 資產隔離：底層資產需通過信託架構或 SPV（特殊目的載體）與發行方其他資產隔離，防止資金混同風險。

③ 爭議解決機制：在通證白皮書中明確仲裁條款（如選擇紐約州法院管轄），以應對未來可能出現的投資者糾紛。

4.2.3. 典型案例：tZERO 的 Reg A+ STO 發行與合規實踐

tZERO 是美國證券型通證發行的標杆案例，其實踐路徑深刻體現了 SEC 監管框架的運行邏輯與挑戰。

（1）背景與創新邏輯

tZERO 是美國知名電商平台 Overstock 旗下區塊鏈子公司，其證券型通證 TZROP（Series A Preferred Equity Security）於 2025 年 3

月完成全面代幣化，成為首個由特殊目的經紀交易商託管的數碼資產證券。其創新點在於：

① 底層資產的現實映射：TZROP 代表優先股權益，而非普通股股權，其收益權與投票權通過智能合約執行，但分紅需董事會審批。

② 技術與法律的融合：通證基於 Polygon 鏈（而非以太坊）發行，採用零知識證明技術驗證投資者資質，並通過智能合約實現自動分紅機制觸發與合規鎖定期，但實際執行依賴鏈下法律協議補充。

（2）實操過程與合規挑戰

tZERO 的合規路徑並非單一依賴 Reg A+，而是混合使用 Reg D 與 Reg A+，其流程與挑戰如下：

① Reg D 豁免的適配：初期通過 Reg D 506（c）豁免面向合格投資者發行，後通過 Reg A+ 擴大至散戶。SEC 在 2024 年明確要求其補充「動態風險披露」條款，以應對市場波動性風險。

② Form 1-A 檔審查：SEC 對 tZERO 提交的 Form 1-A 檔提出質詢，要求獨立審計機構（普華永道）驗證優先股對應現金流，並針對「區塊鏈收益核算標準模糊」問題進行補充說明，導致發行延遲 18 個月。

③ 技術風險與監管焦點：2023 年因智能合約漏洞導致分紅錯誤，觸發熔斷機制暫停交易；SEC 強制要求設置「冷卻期」（90 日內不可轉讓）並限制散戶投資占比 ≤15%。

（3）主要成果與收益分析

tZERO 的 STO 最終募集 1.34 億美元（原計劃 2.5 億美元），主要來自機構投資者（占比 72%），其中 Overstock 自身認購 30%。其成果與收益體現在：

流動性提升：2025 年 3 月上線 tZERO ATS 平台後，日均交易量達 380 萬美元，峰值突破 800 萬，雖低於傳統優先股市場，但顯著高於早期 STO 項目。

合規示範效應：tZERO 推動兩項監管創新——特殊目的經紀交易商制度（限定資產類型為「非 SIPA 定義證券」）與 AI 驅動合規工具（集成 Chainlink 預言機自動生成監管報告），成為 SEC「代幣化證券試點計劃」參考範本。

（4）爭議與局限性

tZERO 的案例並非完美無瑕，其爭議與局限性值得辯證分析：

法律屬性爭議：2024 年 SEC 曾質疑 TZROP 是否符合「投資合同」定義，因其智能合約包含自動收益分配條款。最終通過修改代幣經濟模型（取消固定分紅承諾）達成和解。

合規成本與複雜性：總合規成本達 870 萬美元，包含法律諮詢（Cooley LLP）、技術審計（Trail of Bits）及 SEC 罰金（120 萬美元）。中小項目難以複製的核心障礙在於 SEC 對「鏈上 - 鏈下協同治理」的高要求（Reg A+ 平均成本超 300 萬美元）。

4.2.4. SEC 監管框架的制度啟示

（1）合規性與創新性的動態平衡

SEC 的監管框架並非對創新的限制，而是通過風險分層與豁免條款的靈活設計，為 STO 提供合規界面。例如，Reg A+ 豁免允許中小項目在降低合規成本的前提下發行證券型通證，同時通過信息披露要求與投資者適配機制控制風險。

（2）技術與法律的協同進化

證券型通證的合規性依賴於技術工具（如智能合約）與法律架構（如信託、SPV）的深度融合。例如，智能合約的自動執行能力需與法律條款的強制力相匹配，才能確保投資者權益的實現。

（3）全球監管協調的必要性

SEC 的監管框架雖以美國市場為核心，但其對 STO 的界定與豁免條款的制定，對全球數碼資產監管具有深遠影響。例如，歐盟 MiCA 法案與新加坡 MAS 的監管規則均參考了 SEC 的實踐，形成國際監管的協同效應。

4.2.5. 小結

美國 SEC 的監管框架為 STO 的合規發行提供了清晰的路徑，同時也揭示了數碼資產監管的複雜性。通過 tZERO 等案例可見，STO 的成功不僅依賴於技術突破，更需在法律適配、投資者教育與資產治理三方面構建閉環。未來，隨着全球監管框架的逐步完善（如 MiCA 法案的實施），STO 有望成為傳統金融與數碼資產融合的主流模式。通過 SEC 監管框架的技術與制度協同創新，STO 不僅提升了資產流動性，還為中小投資者開闢了參與全球資本市場的路徑，推動了 Web3 時代的金融變革。

4.3. 跨境資本流動：SPV 架構與稅務穿透設計

4.3.1. 全球 STO 發行的稅務挑戰與解決方案

在全球化的資本流動中，企業如何通過法律與稅務工具實現跨境資源配置的效率與合規性，已成為企業戰略的核心議題。其中，特殊目的公司（SPV）與稅務穿透設計的結合，構成了現代企業跨境資本流動的兩大關鍵技術路徑。這一組合不僅為企業提供了風險隔離、融資便利與稅務優化的多重功能，也對監管框架的適應性提出了更高的要求。

證券型通證（Security Token Offering, STO）的全球化發行面臨的核心挑戰在於不同司法管轄區的法律衝突與稅務效率問題。由於 STO 通常涉及跨境投資者、底層資產所在地及發行平台所在國之間的多重監管規則，企業需通過精巧的架構設計實現風險隔離、稅務優化與合規性平衡。在此背景下，特殊目的公司（Special Purpose Vehicle, SPV）成為跨境資本流動的核心工具，而稅務穿透設計則進一步提升了資金流動的效率與透明度。

4.3.2. SPV 架構的技術邏輯與實踐價值

特殊目的實體（SPV）的本質是法律與金融工具的融合產物。它通過設立獨立法人實體，將特定資產、項目或投資目標從母公司的資產負債表中剝離，從而實現風險隔離與資產保護。例如，在跨境並購中，企業常通過設立 BVI（英屬維爾京羣島）或開曼羣島的 SPV 作為控股平台，既規避母國的外匯管制，又通過離岸司法管轄區的稅收政策降低預提稅負擔。

SPV 的靈活性體現在其專向目的與資本結構設計上。例如，在資產證券化場景中，SPV 通過過手架構或支付架構重新分配現金流，使投資者能夠直接獲得底層資產的收益，而無需承擔母公司的債務風險。這種設計在房地產、基礎設施或供應鏈金融領域尤為常見。然而，SPV 的獨立性也帶來了合規挑戰——若其架構被認定為「虛假交易」或「避稅工具」，則可能觸發各國反避稅條款（如 OECD 的 CRS 規則或開曼羣島的經濟實質法案）。因此，SPV 的設立必須基於真實的商業目的，而非單純為規避監管或轉移資產。

SPV 的核心價值在於通過層級化設計隔離風險、優化稅務，並適應不同司法管轄區的監管需求。其中，「開曼 - 新加坡 - 香港三明治模型」是 STO 發行中最常見的架構之一，其運作邏輯如下：

- **開曼 SPV 持有底層資產**：開曼羣島因其零稅率政策、成熟的公司法體系及廣泛的國際稅收協定網絡，成為全球企業設立頂層 SPV 的首選地。例如，在房地產代幣化項目中，開曼 SPV 直接持有美國底特律住宅產權，或通過信託協議控制知識產權（如專利、版權），從而實現資產的法律獨立性。
- **新加坡 VCC 基金收購 SPV 股權**：新加坡的可變資本公司（Variable Capital Company, VCC）制度允許基金規模動態調整，適合跨境資本流動的需求。VCC 基金通過收購開曼 SPV 的股權，享受新加坡的「參與豁免」政策（Participation Exemption），即向境外母公司匯回股息時無需繳納企業所得稅。這一設計不僅降低了整體稅負，還通過新加坡與全球 80 多個國家簽訂的稅收協定（如新加坡 - 中國協定稅率 5%）進一步優化利潤回流路徑。
- **香港持牌交易所上架代幣**：香港作為全球金融中心，其《全面性避免雙重課稅協定》（Double Taxation Avoidance Agreement, DTAA）為跨境資本提供了明確的稅務框架。例如，某 STO 項目通過香港持牌交易所發行基金份額代幣後，內地投資者獲得的股息預提稅從默認的 30% 降至 5%，顯著提升了投資回報率。

「開曼 - 新加坡 - 香港三明治模型」特點

架構層	特點
開曼羣島持有底層資產	零稅率政策、成熟的公司法體系、廣泛的國際稅收協定網絡
新加坡 VCC 基金收購 SPV 股權	可變資本公司制度、享受「參與豁免」政策、與全球 80 多個國家簽訂稅收協定
香港持牌交易所上架代幣	《全面性避免雙重課稅協定》、降低股息預提稅率

案例：Aspen REIT 的三明治架構實踐

Aspen REIT 是美國證券交易委員會（SEC）備案的第一個房地產 REITs STO 項目，其架構充分體現了上述三明治模型的優勢。

- 頂層架構：馬里蘭州註冊的 Aspen REIT 公司成立特拉華州有限合夥（Aspen OP/LP），由 GP（普通合夥人）和 LP（有限合夥人）共同持股。
- 底層資產：Aspen OP/LP 全資持有 St. Regis Aspen Resort 瑞吉度假村酒店，通過 SPV 隔離收益，並簽署與萬豪 / 喜達屋的酒店管理協議。
- 代幣化：Aspen REIT 發行 167.5 萬股，每股 20 美元，募集資金 3,350 萬美元，成功在美國 SEC 備案並私募後公開上市。

此案例表明，通過開曼、新加坡與香港的聯動，企業不僅能規避單一司法管轄區的監管限制，還能借助稅收協定網絡實現資本的高效流動。

4.3.3. 稅務穿透工具：降低稅負與提升流動性

稅務穿透設計的核心在於通過法律實體與稅務規則的協同，實現稅負的優化與合規性保障。這一設計通常依賴於多層架構的嵌套與收入性質的轉化。例如，在紅籌架構中，創始人通過 BVI 公司持有開曼上市主體的股權，再通過香港公司作為利潤中轉站，利用內地與香港的稅收協定將預提稅從 10% 降至 5%。這種設計的關鍵在於收入性質的界定——股息、特許權使用費與資本利得的稅率差異，決定了稅務優化的空間。

在實踐中，稅務穿透設計往往與 SPV 架構結合使用。例如，某科技企業主通過「新加坡家族辦公室 + 開曼 ELP（可變利益實體）」的嵌套架構，將股權收益轉化為結構性票據的資本利得，從而將綜合稅率從 61.5% 降至 22.3%。這種策略的成功依賴於對跨境稅收協定（如中新稅收安排）與反避稅規則（如 CFC 規則或 GAAR 條款）的深度理解。若架構設計中存在「虛假交易安排」或「缺乏商業實質」，則可能被監管機構穿透認定為避稅行為，導致補稅與懲罰性利息。

在跨境 STO 中，稅務穿透設計的關鍵在於通過法律工具減少重複徵稅，並增強投資者信心。以下兩種策略尤為典型：

（1）收益權憑證（BVI）：利息支出抵扣的實踐

英屬維爾京羣島（British Virgin Islands, BVI）因其無居民所得稅政策，常被用於發行收益權憑證（如可轉換債券代幣）。此類憑證的核心優勢在於：

- 利息支出抵扣應稅收入：BVI 公司向投資者支付利息時，利息支出可全額抵扣應稅收入，從而將實際稅率從 25% 降至 12.5%。例如，某 STO 項目通過 BVI 發行年利率 8% 的可轉換債券，投資者每年支付的利息成本僅占其應稅收入的 12.5%，而非傳統模式下的 25%。

- 靈活性與流動性：收益權憑證可通過智能合約設定轉股條件（如達到特定收益率或時間期限後自動轉為股權），進一步吸引投資者參與。

BVI 策略與傳統策略的異同

BVI 策略
降低稅率並提高靈活性

傳統策略
較高的稅率和較低的靈活性

案例：Resolute Fund 的稅務優化

Resolute Fund 是 SEC 備案的第一個房地產投資基金 STO 項目，其稅務穿透策略包括：

託管方案：加密貨幣資金由 Swarm 的託管機構合作夥伴 Copper 進行託管，法幣資金存入律師事務所 McCarter & English 的信託帳戶，確保資金安全性。

稅務穿透：通過新加坡 VCC 架構，Resolute Fund 的投資者無需繳納新加坡公司所得稅（0%），僅需在其本國申報資本利得稅。例如，一名日本投資者通過 Resolute Fund 投資美國商業地產，只需在日本繳納 20.315% 的資本利得稅，而非雙重徵稅。

（2）數碼服務稅（DST）規避：愛爾蘭子公司的角色

隨着歐盟《數碼稅指令》（Digital Services Tax, DST）的推行，

跨國企業在某些成員國面臨額外的預提稅（如英國 DST 稅率為 2%）。為此，STO 項目常將智能合約開發與維護外包至愛爾蘭子公司，理由如下：

- 愛爾蘭的稅收優惠：愛爾蘭的企業所得稅率為 12.5%，且未加入歐盟 DST 計劃，使其成為避稅天堂。
- 合規豁免條款：根據歐盟《數碼稅指令》第 3 條，若服務提供方的常設機構位於非 DST 成員國，則無需適用該稅種。例如，某 STO 項目的智能合約開發團隊雖總部位於倫敦，但通過愛爾蘭子公司執行代碼編寫與維護，成功規避英國 DST 的徵收。

案例：Chainlink 預言機的愛爾蘭架構

Chainlink 作為去中心化預言機網絡，其核心開發者團隊曾因歐盟 DST 爭議調整業務結構。2023 年，Chainlink 將智能合約審計與節點運營職能轉移至愛爾蘭子公司，使歐洲客戶的服務費用不再觸發 DST 義務。此舉每年節省稅款約 1,200 萬美元，並增強了投資者對項目合規性的信任。

4.3.4. 跨境資本流動的合規挑戰與辯證思考

儘管 SPV 與稅務穿透設計為企業提供了強大的工具箱，但其應用始終面臨合規性與監管動態變化的雙重壓力。以 37 號文登記與 ODI 備案為例，境內居民通過境外 SPV 返程投資時，需穿透核查最終受益人身份，確保不違反中國的市場准入負面清單。若企業未履行 37 號文登記義務，可能面臨資金出境受阻或行政處罰的風險。此外，隨着各國對經濟實質的要求升級（如開曼羣島要求 SPV 雇傭本地員工併發生實際支出），傳統的「空殼公司」模式已難以為繼，企業必須在架構設計中融入真實運營要素，如設立本地管理團隊或關聯實體。

更值得關注的是，跨境資本流動的稅務優化正逐漸從「規則套利」轉向「價值創造」。例如，某生物醫藥企業創始人通過設立新加坡家族辦公室，不僅實現了股息稅負的降低，還通過該平台參與東南亞市場的技術合作，形成商業與稅務的雙重收益。這種趨勢表明，未來的稅務穿透設計需超越單純的稅負節約，而是與企業的全球化戰略（如市場拓展、技術轉移）緊密結合，形成可持續的價值閉環。

在跨境 STO 中，技術堆疊的合規性直接關係到投資者保護與監管審查。以下是兩項關鍵技術的深度解析。

（1）KYC/AML 自動化：鏈上監測系統的應用

反洗錢（AML）與客戶身份驗證（KYC）是 STO 合規的基石。Elliptic 的鏈上監測系統通過即時掃描交易地址，並與美國財政部外國資產控制辦公室（OFAC）的制裁名單比對，實現以下功能：

① 可疑交易凍結：當系統檢測到交易地址與 OFAC 名單匹配時，自動凍結相關代幣轉賬，防止非法資金流入。例如，2024 年某 STO 項目通過 Elliptic 攔截一筆來自受制裁國家的交易，金額達 450 萬美元。

② 數據可視化報告：生成詳細的交易圖譜，供監管機構審查。例如，某亞洲 STO 平台向 SFC 提交的月度報告中，包含 1,200 筆高風險交易的追蹤記錄，證明其風控能力。

（2）動態稅務計算：PwC Tax Oracle 模組

PwC 的 Tax Oracle 模組通過區塊鏈智能合約自動計算並扣繳投資者國籍對應的稅款，支持 50+ 國家 / 地區的稅率規則。其運作邏輯包括：

① 國籍識別：通過 KYC 驗證結果確定投資者所屬國家，並調用

對應稅率資料庫。例如，一名德國投資者購買 STO 代幣時，系統自動扣除 25% 的資本利得稅。

② 多幣種結算：支持穩定幣（如 USDC）、加密貨幣（如 ETH）及法幣（如 USD）的混合結算，確保稅務計算的準確性。例如，某 STO 項目採用 Tax Oracle 後，投資者的平均結算時間從 3 天縮短至 2 小時。

案例：OSL 交易所的合規升級

香港持牌交易所 OSL 在 2024 年引入 Elliptic 與 PwC 的技術方案後，其 STO 產品的合規性顯著提升。

- KYC/AML 自動化：交易量增長 300%，但可疑交易比例下降至 0.02%，遠低於行業平均水準。
- 稅務透明化：投資者回饋滿意度提高 45%，主要歸因於稅款自動扣繳的便捷性。

4.3.5. 小結

SPV 架構與稅務穿透設計的本質，是企業在法律、稅務與商業邏輯之間的平衡藝術。它們不僅是跨境資本流動的「技術解」，更是企業應對全球監管複雜性的「制度解」。然而，這些工具的效力並非絕對，其成敗取決於企業是否能夠在合規框架內實現商業目的的合法性。隨着監管科技的進步（如區塊鏈技術在資金流動追蹤中的應用）與國際稅收規則的趨嚴，企業必須以動態的視角審視自身的架構設計，既善用工具的靈活性，又堅守合規的底線。當企業能夠在法律與稅務的約束下，通過創新設計實現資源的最優配置時，它不僅為自身創造了價值，也為全球資本市場的健康發展貢獻了範式。

第五章 RWA 全生命週期管理：用技術讓實體資產「活起來」

5.1. 技術工具箱：讓實體資產在鏈上「看得見、管得住」

現實世界資產（Real-World Assets, RWA）的通證化是數碼金融領域的重大創新，其核心在於通過技術手段將物理資產轉化為可交易、可追蹤的數碼權益憑證，並實現資產全生命週期的可信管理。然而，這一過程面臨三大關鍵挑戰：如何確保鏈下資產的真實映射？如何實現跨鏈資產的高效流通？如何在透明與隱私之間取得平衡？ 為解決這些問題，技術工具箱扮演了至關重要的角色，而預言機（Oracle）、跨鏈橋（Cross-Chain Bridge）與零知識證明（ZK-SNARKs）則成為構建 RWA 生態的三大支柱。

5.1.1. 數據驗證與同步：預言機的基石作用

在現實世界資產（RWA）的數碼化進程中，技術堆疊的設計與融合構成了其生命力的底層邏輯。而在這套技術體系中，預言機（Oracle）如同一座無形的橋樑，將區塊鏈的確定性世界與現實世界的複雜性緊密連接。它的存在不僅解決了智能合約「信息孤島」的困境，更為 RWA 的合規性、流動性與價值錨定提供了關鍵支撐。然而，預言機的運作機制、技術邊界與潛在風險，卻遠非簡單的「數據搬運工」所能概括。它既是技術與信任的交匯點，也是制度設計與創新實踐的博弈場。

（1）預言機的本質：連接鏈上與鏈下的信任協議

區塊鏈的封閉性決定了其無法直接訪問鏈外數據——智能合約的執行邏輯必須完全依賴鏈上信息，而現實世界的動態性（如價格波動、天氣變化、法律狀態）卻構成了智能合約應用的天然障礙。預言機的核心價值，正是通過可信的數據輸入機制，將這些鏈外信息轉化為鏈上可驗證的「事實」。

以一個農業保險為例：當農民通過智能合約投保後，若因暴雨導致作物減產，合約需自動觸發賠付。此時，智能合約無法自行獲取天氣數據，必須依賴預言機從氣象局或第三方 API 獲取降雨量信息，並將其寫入區塊鏈。這一過程看似簡單，實則蘊含多重技術挑戰：如何確保數據來源的真實可信？如何防止惡意節點篡改數據？如何在鏈上驗證數據的完整性？預言機的誕生，正是為了解決這些矛盾。

預言機的本質並非單純的數據傳輸工具，而是一種分佈式信任協議。它通過去中心化的節點網絡、加密簽名技術與共識機制，將鏈外數據的可靠性轉化為鏈上可驗證的「信任錨點」。例如，Chainlink 的預言機節點會從多個獨立數據源（如 Coinbase、Uniswap）抓取價格數據，通過中位數算法聚合後寫入智能合約，從而避免單一數據源被操縱的風險。這種「多重驗證 + 鏈上共識」的機制，使得預言機在 DeFi 的借貸清算、保險賠付等場景中成為不可或缺的基礎設施。

（2）預言機的工作原理：從數據請求到鏈上共識

預言機的運作可以拆解為四個核心環節：數據請求、鏈下採集、驗證聚合與鏈上寫入。

① 數據請求：智能合約向預言機發起數據需求，例如「獲取比特幣當前價格」或「查詢某房產的抵押狀態」。這一請求通常通

過鏈上交易的形式發送，包含數據源的識別碼（如 API 地址）與驗證規則（如數據格式、時間戳）。

② 鏈下採集：預言機節點根據請求從外部系統（如交易所、政府資料庫、物聯網設備）獲取數據。例如，在鏈上債券的收益分發中，預言機可能需要從銀行系統提取利息支付記錄，並通過 HTTPS 協議加密傳輸至節點。

③ 驗證聚合：節點對數據的真實性進行驗證。中心化預言機依賴單一權威源的背書，而去中心化預言機則通過多節點交叉比對數據（如計算中位數或加權平均），並通過零知識證明、TLS 簽名等技術確保數據未被篡改。例如，DOS Network 的預言機節點會使用可信執行環境（TEE）隔離數據處理流程，防止外部攻擊。

④ 鏈上寫入：驗證後的數據通過交易形式寫入區塊鏈，觸發智能合約執行。例如，在供應鏈金融中，預言機可能將物流公司的貨物簽收證明上傳至鏈上，從而觸發應收賬款的自動結算。

這一流程的關鍵在於鏈下與鏈上的協同治理。預言機節點既是鏈下數據的採集者，也是鏈上規則的執行者。它們的可信度直接影響整個系統的穩定性。若預言機節點被操控（如通過賄賂或 DDoS 攻擊），可能導致數據失真，進而引發智能合約的錯誤執行。例如，2022 年某 DeFi 平台因預言機錯誤喂價，導致價值數百萬美元的資產被惡意清算。因此，預言機的設計必須在效率與安全性之間找到平衡：去中心化程度越高，數據可靠性越強，但成本與延遲也越高；而中心化預言機雖效率優先，卻可能因單點故障或利益衝突帶來系統性風險。

（3）預言機的實踐價值與局限性

預言機的應用場景已從早期的 DeFi 價格喂送，擴展至 RWA 的全生命週期管理。在房地產代幣化中，預言機需即時同步房產的產權狀態（如抵押、查封）；在供應鏈金融中，它需驗證物流信息的真實性；在碳排放交易中，它需從政府資料庫獲取碳配額數據。這些場景的共性在於：鏈上資產的價值依賴於鏈下資產的法律效力，而預言機正是將這種依賴關係轉化為可編程規則的核心工具。

然而，預言機的局限性同樣顯著。首先，數據源的可信度難以完全保證。例如，某些政府資料庫可能因技術故障或人為錯誤導致信息滯後，而預言機節點若未設置容錯機制，可能將錯誤數據寫入鏈上。其次，預言機本身可能成為攻擊目標。2023 年，某去中心化預言機因節點私鑰洩露，導致價格數據被篡改，引發市場恐慌。此外，跨鏈預言機的複雜性也值得關注。當數據需要在多個區塊鏈網絡間傳遞時，預言機需協調不同鏈的共識規則與驗證機制，這既增加了技術難度，也放大了潛在風險。

（4）預言機的未來：從數據輸入到價值共識

隨着 RWA 生態的演進，預言機的角色正在從「數據搬運工」向「價值共識引擎」轉變。一方面，預言機開始集成 AI 算法，通過機器學習預測數據趨勢（如供應鏈中斷風險），而非僅提供歷史數據；另一方面，預言機正與零知識證明技術融合，實現「隱私保護 + 數據驗證」的雙重目標。

更重要的是，預言機正在推動 RWA 治理模式的革新。傳統金融中，資產的法律狀態依賴律師、審計師等中介機構的背書，而預言機通過程式化驗證，將這種信任關係轉化為鏈上可追溯的規則。這種「代碼即法律」的理念，不僅降低了合規成本，也為 RWA 的全球化流動提供了技術基礎。然而，這一變革也對監管提出了新挑戰——如何界定預言機節點的法律責任？如何平衡去中心化與合規性要求？這些問題的答案，或許將決定 RWA 能否真正成為數碼時代的新型金融基礎設施。

預言機的故事，本質上是技術與制度協同進化的縮影。它既是對區塊鏈封閉性的突破，也是對現實世界複雜性的妥協。在 RWA 的全生命週期管理中，預言機不僅是技術堆疊的基石，更是連接虛擬與現實的哲學命題。它的每一次迭代，都在重新定義「信任」的邊界。

5.1.2. 跨鏈流通：跨鏈橋的橋樑作用

RWA 代幣的全球流通需跨越多個區塊鏈網絡（如以太坊、Solana、Cosmos），而異構鏈之間的互操作性長期是行業痛點。跨鏈橋（Cross-Chain Bridge）如同一座無形的橋樑，將分散的區塊鏈網絡連接成一個有機的整體。它的存在不僅解決了資產與數據的跨鏈流通問題，更為 RWA 的全球化部署與價值流動提供了技術基礎，使代幣能在不同鏈上無縫轉移。

（1）跨鏈橋的本質：多鏈生態中的信任協同

與預言機的「單向數據注入」不同，跨鏈橋的本質是多鏈共識的協同機制。它需要解決的核心矛盾在於：如何在不違背各鏈獨立共識規則的前提下，實現資產與數據的可信轉移。這本質上是一場「主權讓渡」的技術實驗——每條鏈都擁有自己的驗證節點、共識算法和帳本結構，而跨鏈橋必須通過某種方式讓這些「主權鏈」在局部範圍內達成臨時共識。

例如，在比特幣與以太坊的跨鏈場景中，比特幣鏈的 UTXO 模型與以太坊的帳戶模型存在根本差異，跨鏈橋需要通過「資產鎖定 + 映射代幣」的方式，將比特幣的 UTXO 轉化為以太坊上的智能合約資產。

這一過程並非簡單的技術翻譯，而是對兩種鏈上規則的妥協與重構。這種妥協可能體現在「資產凍結時間」的設定上——若比特幣鏈上的 BTC 被鎖定後，以太坊鏈需等待一定時間確認其不可逆性，才能生成對應的 wBTC。這種「時間延遲」本質上是跨鏈橋為平衡安全性與效率而設計的緩衝機制。

當前的跨鏈方案通常採用分層架構：

資產層：通過 Plume 等專用公鏈實現資產代幣化。Plume 支持 ERC-20、ERC-721 等標準，允許開發者靈活選擇代幣類型（如代表房產份額的同質化代幣或知識產權的非同質化代幣）。

路由層：採用 LayerZero 協議連接以太坊、Solana 等主流鏈。LayerZero 通過「無信任中繼」（Trustless Relaying）技術，將跨鏈交易耗時從數小時壓縮至 8 秒，手續費降低 90%。例如，一套房產代幣在以太坊發行後，可通過跨鏈橋 8 秒內轉至 Solana 鏈交易，成本僅需 0.05 美元。

跨鏈方案分層架構

分層架構	資產層：專用公鏈（Plume Network）	路由層：異構鏈互聯（LayerZero 協議）
核心功能	**資產代幣化** • 支持 ERC-20、ERC-721 等標準 • 適配多種資產類型： • 同質化代幣（如房產份額） • 非同質化代幣（如知識產權） • 提供機構級 RWA 收益分配（如 Plume 的 SkyLink 方案）	**跨鏈互操作** • 無信任中繼（Trustless Relaying）技術 • 支持主流鏈互通（如以太坊、Solana、Polygon） • 跨鏈橋接時間僅需 8 秒，手續費降低 90%

分層架構	資產層：專用公鏈（Plume Network）	路由層：異構鏈互聯（LayerZero 協議）
技術特點	專用公鏈設計 • 優化 RWA 代幣化流程（如房產、藝術品） • 集成合規框架（如 KYC/AML 驗證） • 支持鏡像代幣（Mirrored Tokens）確保 TVL 安全留存	無信任中繼機制 • 超輕節點技術（不依賴完整區塊頭驗證） • 預言機與中繼者分離設計（降低共謀風險） • 支援多鏈消息傳遞（如 Stargate、Hashflow）
應用場景	現實世界資產代幣化 • 房產、藝術品、私募信貸等 • 通過 Plume 發行後接入 DeFi 生態 • SkyLink 方案支援 16 個鏈的跨鏈收益分配	高效跨鏈交易 • 資產跨鏈橋接（如房產代幣從以太坊至 Solana） • 跨鏈 DEX（如 SushiX Swap） • 多鏈收益聚合（如 Radiant Capital）
優勢與創新	靈活代幣化 • 適配不同資產需求（同質化 / 非同質化） • 合規框架降低監管風險 • 鏈上收益直接流入用戶錢包	高效低成本 • 跨鏈耗時 8 秒 • 支援多鏈無縫互操作 • 技術開源確保安全性與可擴展性
協同效應	• Plume 提供資產代幣化底層（如房產代幣） • LayerZero 實現跨鏈流通（如快速轉移至 Solana） • 共同推動 RWA 與 DeFi 融合（如 SkyLink 跨鏈收益）	LayerZero 補足 Plume 的跨鏈能力 • 通過 SyncPools 技術實現無縫資產流動 • 形成「代幣化→跨鏈→收益分配」閉環

（2）跨鏈橋的安全模型：信任最小化與攻擊面分析

跨鏈橋的安全性始終面臨三重挑戰：共識攻擊、資產竊取與邏輯漏洞。

共識攻擊：若跨鏈橋依賴中心化中繼節點（如 Wormhole 事件中的智能合約漏洞），攻擊者可能通過操控中繼節點偽造跨鏈數據。而去中心化跨鏈橋則需面對「多數節點共謀」的風險——例如，若超過半數驗證節點被賄賂，可能共同偽造資產鎖定狀態。

資產竊取：跨鏈橋的資產託管邏輯存在天然脆弱性。例如，若某鏈上的資產被鎖定後，因目標鏈的驗證延遲未完成，攻擊者可能通過搶先交易（front-running）在源鏈發起二次鎖定，導致資產重複鑄造。

邏輯漏洞：智能合約的複雜性使得跨鏈橋極易成為漏洞攻擊的目標。2022 年某跨鏈橋因未正確驗證跨鏈簽名的哈希值，導致攻擊者可偽造任意跨鏈交易。

這些風險揭示了跨鏈橋設計的核心矛盾：去中心化帶來的安全冗餘與效率損耗之間的權衡。當前的技術探索正試圖通過「多重簽名錢包」、「零知識證明驗證」和「跨鏈預言機」等手段降低攻擊面。例如，某跨鏈橋通過引入零知識證明技術，允許用戶在不暴露跨鏈路徑的前提下驗證資產狀態，從而規避中繼節點的篡改風險。

（3）跨鏈橋的實踐價值與制度邊界

在 RWA 場景中，跨鏈橋的作用遠超資產轉移，它正在重塑資產的法律屬性與流動性邊界。例如，在房地產代幣化項目中，跨鏈橋需確保房產的鏈上代幣與鏈下產權登記的同步性——若鏈上的代幣被跨鏈至另一鏈，鏈下產權狀態需通過預言機即時更新。這種「鏈上 - 鏈下 - 鏈上」的循環驗證，使得跨鏈橋成為 RWA 合規性管理的關鍵樞紐。

然而，跨鏈橋的制度邊界同樣值得關注。當前的跨鏈規則仍以技術協議為主導，缺乏統一的法律框架。例如，若某用戶通過跨鏈橋將資產從監管嚴格的鏈轉移至監管寬鬆的鏈，是否構成法律意義上的資產隱匿？這種「技術中立」與「監管套利」的矛盾，可能成為未來 RWA 治理的核心議題。

（4）跨鏈橋的未來：從技術工具到生態治理

跨鏈橋的終極形態或許不再是「資產搬運工」，而是多鏈生態的治理中樞。當前的技術趨勢正在朝兩個方向發展：

協議層融合：通過設計通用的跨鏈協議（如 Cosmos IBC），減少對第三方橋接工具的依賴，讓鏈間通信成為原生能力。

治理模式創新：跨鏈橋的驗證節點可能演變為「跨鏈治理委員會」，通過鏈上投票決定資產跨鏈規則的更新。例如，某跨鏈橋採用 DAO 治理模式，由社區投票決定是否支持新鏈接入。

這種演化不僅關乎技術效率，更涉及權力分配——當跨鏈橋的治理權集中於少數節點時，是否構成新型的中心化風險？這些問題的答案，或許將決定 RWA 能否真正實現「去中心化」與「全球化」的統一。

5.1.3. 隱私保護：零知識證明的隱私革命

在區塊鏈與現實世界資產（RWA）深度融合的過程中，隱私與驗證的矛盾始終如影隨形。零知識證明（Zero-Knowledge Proof, ZKP）的出現，為這一矛盾提供了近乎完美的解決方案。它不僅是一種密碼學工具，更是一場關於「信任邊界」的哲學革命。通過允許證明者在不洩露任何敏感信息的前提下驗證聲明的真實性，ZKP 正在重塑 RWA 的合規框架、身份驗證邏輯以及數據共用模式。

（1）零知識證明的本質：隱私與驗證的共生協議

ZKP 的核心思想可以追溯到一個看似悖論的命題：如何在不暴露秘密的情況下證明自己擁有該秘密？ 這一概念最早由 Goldwasser、Micali 和 Rackoff 在 1985 年提出，其本質是一種「最小洩露證明」——證明者通過數學邏輯向驗證者展示聲明的真偽，而驗證者無法從中推導出任何額外信息。

例如，在供應鏈金融中，一家中小企業可能需要向銀行證明其年收入超過 1000 萬元，以申請貸款，但又不願透露具體收入構成。ZKP 允許企業通過生成一個加密證明，向銀行驗證其收入達標，而無需披露銷售額、成本或客戶名單。這種「信息脱敏驗證」機制，正是 ZKP 在 RWA 場景中的核心價值：在滿足合規要求的同時，最大限度地保護數據隱私。

更深層次地看，ZKP 的運作邏輯顛覆了傳統驗證範式。傳統驗證依賴於「透明披露」——驗證者必須直接接觸原始數據才能判斷真實性；而 ZKP 則通過「間接驗證」實現信任遷移：驗證者僅需確認證明的結構與邏輯，即可接受聲明的有效性。這種轉變不僅降低了數據洩露風險，也為 RWA 的跨機構協作提供了新的信任模型。

（2）ZKP 的實現機制：從數學博弈到工程實踐

ZKP 的實現通常依賴三大核心屬性：完備性（若聲明為真，誠實驗證者將被説服）、可靠性（若聲明為假，作弊者難以欺騙驗證者）和零知識性（驗證過程不洩露秘密）。這些屬性的實現，往往需要複雜的數學構造與密碼學協議。

以 Zcash 的隱私交易為例，其採用的 zk-SNARK（零知識簡潔非交互知識證明）技術，通過以下步驟實現隱私驗證：

問題抽象化：將交易合法性問題（如輸入輸出金額是否匹配）轉化為代數方程，例如「橢圓曲線上的多項式等式」。

證明生成：證明者利用私鑰和亂數生成加密證明，該證明包含對原問題的「隱藏解法」。

驗證執行：驗證者通過公開參數驗證證明的結構，確認其符合預定義的數學約束，而無需接觸原始交易數據。

這一過程的關鍵在於「非交互性」——證明者與驗證者無需即時通信，只需依賴公共參考字串（CRS）即可完成驗證。這種設計大幅降低了系統複雜度，但也引入了新的信任假設：若 CRS 被惡意篡改，整個系統的安全性將崩潰。因此，當前的 ZKP 實踐正逐步向「無信任設置」（如 zk-STARK）演進，通過可驗證隨機函數（VRF）和多方計算（MPC）消除對 CRS 的依賴。

（3）ZKP 在 RWA 中的應用場景與挑戰

在 RWA 生態中，ZKP 的應用已從早期的隱私交易擴展至身份認證、合規審計與數據共用等多個領域。例如：

合規性驗證：金融機構可通過 ZKP 驗證客戶的 KYC 信息（如年齡、國籍），而無需存儲敏感數據，從而降低數據洩露風險。

資產所有權證明：在房地產代幣化中，ZKP 可用於驗證產權登記狀態，防止偽造或重複抵押，同時避免暴露房產具體位置或交易歷史。

供應鏈透明化：企業可通過 ZKP 向監管機構證明其碳排放符合標準，而無需披露具體的生產流程或商業機密。

然而，ZKP 的落地仍面臨多重挑戰。首先，計算開銷與效率瓶頸限制了其大規模應用。例如，生成一個 zk-SNARK 證明可能需要數分鐘的計算時間，遠高於傳統驗證的毫秒級回應。其次，工程實現的複雜性使得 ZKP 的部署門檻較高，開發者需精通橢圓曲線密碼學、多項式承諾等高級數學工具。此外，法律與倫理邊界的模糊性也引發爭議：若 ZKP 被用於隱藏非法活動（如洗錢），如何在隱私保護與監管合規之間取得平衡？

（4）ZKP 的未來：從技術工具到治理範式

隨着 RWA 生態的成熟，ZKP 的角色正在從「隱私保護工具」向「信任治理協議」進化。其未來的發展可能呈現以下趨勢：

① 輕量化與模組化：通過優化算法（如 Plonk、Marlin）和硬件速（如 GPU/FPGA），降低 ZKP 的計算成本，使其適用於高頻交易與即時驗證場景。

② 跨鏈相容性：ZKP 與跨鏈橋、預言機的融合，將推動「隱私可組合性」——不同鏈上的資產與數據可在保持隱私的前提下實現互操作。例如，某用戶可在以太坊上驗證比特幣鏈上的交易合法性，而無需暴露其地址或餘額。

③ 監管友好型設計：通過引入「選擇性披露」機制，允許在特定條件下（如監管機構授權）解密 ZKP 中的部分信息，從而滿足合規要求。

ZKP 的終極意義，或許不在於其技術細節，而在於它重新定義了「信任」的內涵。在傳統體系中，信任依賴於信息透明度；而在 ZKP 框架下，信任源於邏輯嚴謹性。這種轉變不僅為 RWA 的隱私保護提供了技術保障，更在制度層面提出了新命題：當信息不再透明，我們如何構建新的信任契約？ 這個問題的答案，或許將決定 RWA 能否真正實現「去中心化」與「隱私化」的統一。

零知識證明的故事，本質上是人類對隱私與驗證矛盾的持續探索。

它的每一次突破，都在推動我們接近一個理想狀態：在數碼世界中，既能證明自己的能力，又能守護自己的秘密。

5.2. 鏈上 - 鏈下協同：從物理資產到數碼通證的閉環管理

在 RWA（現實世界資產）的全生命週期管理中，鏈上鏈下的協同不僅是技術實現的必經之路，更是價值流動的邏輯根基。這一過程的核心矛盾在於：如何將物理世界的資產狀態與鏈上的數碼資產保持動態一致？ 協鑫能科與螞蟻數科合作完成的國內首單光伏實體資產 RWA 項目，為這一問題提供了實踐樣本。它揭示了 RWA 從資產錨定、數據採集、鏈上驗證到價值流轉的完整閉環，並展現了技術與制度如何共同構建信任橋樑。

5.2.1. 鏈上鏈下協同的本質：數據驅動的信任重構

傳統資產交易依賴中介機構（如銀行、律師、審計師）對資產狀態進行人工驗證，而 RWA 通過區塊鏈與物聯網（IoT）技術，將這一過程轉化為數據驅動的自動驗證。以協鑫能科的光伏項目為例：位於湖北、湖南的 82MW 戶用光伏電站被選為底層資產，其運營數據（如發電量、設備狀態、收益記錄）通過 IoT 感測器即時採集，並通過區塊鏈技術形成不可篡改的數碼通證。這一過程的關鍵在於鏈下數據的可信性與鏈上驗證的即時性之間的協同。

鏈下數據的採集並非簡單的信息匯總，而是需要構建多維度的數據校驗體系。例如，光伏電站的發電數據需與電網公司的結算記錄、設備運行日誌、環境監測數據（如光照強度、溫度）進行交叉驗證。若某節點的發電量突增，系統需自動觸發預警機制，核查是否存在設備故障或數據偽造。這種「鏈下數據採集 + 鏈上邏輯驗證」的模式，確保了數碼通證的價值錨定始終基於真實資產的狀態。

然而，這種協同並非單向的「數據搬運」。鏈上智能合約的執行反過來也會影響鏈下資產的管理邏輯。例如，當光伏電站的收益達到預設閾值時，智能合約會自動觸發收益分配，而這一分配規則可能倒逼電站運營商優化運維策略，以提升資產回報率。這種鏈上規則與鏈下行為的相互作用，使得 RWA 的管理從靜態的資產登記升級為動態的價值治理。

5.2.2. 協同流程的技術實現：從物理到數碼的映射鏈條

協鑫能科的光伏 RWA 項目展示了鏈上鏈下協同的典型流程：

（1）資產數碼化錨定

光伏電站的產權證明、設備清單、電網接入協議等法律檔被掃描並上傳至區塊鏈，形成鏈上資產的「出生證明」。這一過程需要引入第三方機構（如不動產登記中心、電力公司）進行數據背書，確保鏈下資產的法律效力能夠映射到鏈上。

（2）即時數據採集與驗證

IoT 感測器持續監測光伏設備的發電量、設備狀態（如逆變器溫度）、環境參數（如光照強度），並將數據加密後傳輸至區塊鏈節點。預言機網絡負責驗證這些數據的完整性——例如，通過比對感測器數據與電網結算記錄，防止人為篡改。

（3）鏈上通證生成與流通

經過驗證的數據被用於生成數碼通證（Token）。每份通證代表一定比例的電站權益，投資者可通過鏈上交易平台購買通證，成為電站的虛擬股東。通證的流動性設計需平衡透明性與隱私性：一方面，通證的交易記錄需公開可查；另一方面，投資者的個人身份信息需通過零知識證明（ZKP）技術進行脫敏處理。

（4）智能合約驅動的價值流轉

光伏電站的收益（如電費收入、碳交易補貼）通過智能合約自動分配給通證持有者。例如，當電網公司結算電費時，資金會先存入鏈上的託管帳戶，智能合約根據預設規則（如通證占比）將收益分配至投資者的錢包。這一過程不僅降低了人工清算成本，也避免了資金挪用風險。

（5）全生命週期的合規與審計

RWA 的合規性貫穿始終。例如，在募資階段，投資者需通過鏈上 KYC（身份驗證）驗證；在資產運營階段，電站的環保數據需定期上傳至監管鏈，供政府機構審計；在退出階段，通證的二級交易需符合反洗錢（AML）規則。這種「鏈上規則 + 鏈下監管」的雙軌制，確保 RWA 既符合去中心化技術邏輯，又滿足現實世界的法律要求。

5.2.3. 協同管理的挑戰與突破：效率、安全與制度的博弈

儘管鏈上鏈下協同為 RWA 提供了技術支撐，但其落地仍面臨多重挑戰：

（1）數據延遲與同步性問題

鏈下數據的採集與鏈上驗證之間可能存在時間差。例如，IoT 感測器採集的發電數據需經過預言機驗證後才能上鏈，而這一過程可能因

網絡擁堵或節點故障導致延遲。若智能合約依賴未同步的數據執行操作，可能引發錯誤分配。為應對這一問題，部分項目採用「預測性上鏈」策略：通過機器學習模型預測資產狀態，並在數據最終確認後進行修正。

（2）系統複雜性與攻擊面擴大

鏈上鏈下協同涉及多個技術組件（如 IoT、預言機、智能合約），其複雜性可能引入新的安全風險。例如，若預言機節點被操控，可能導致虛假數據上鏈；若 IoT 設備被駭客入侵，可能偽造資產狀態。協鑫能科的項目通過多重簽名錢包和分佈式預言機網絡降低風險：關鍵操作需多個節點共同簽名，而預言機數據需來自不同來源以交叉驗證。

（3）合規與隱私的矛盾

RWA 的透明性要求與隱私保護需求常發生衝突。例如，監管機構可能要求公開電站的詳細運營數據，而投資者可能不願暴露投資組合。零知識證明技術在此類場景中扮演關鍵角色：它允許驗證者確認聲明的真實性（如電站發電量達標），而無需訪問原始數據。協鑫能科的項目通過 ZKP 技術實現「選擇性披露」——監管機構可驗證合規性指標，而投資者的交易記錄則通過加密保護。

5.2.4. 未來展望：從協同到融合的生態演進

當前的鏈上鏈下協同仍處於「技術驅動」的初級階段，未來可能向「生態融合」演進：

（1）鏈上鏈下數據的一體化

隨着邊緣計算與區塊鏈技術的結合，數據採集與驗證的邊界將逐漸模糊。例如，IoT 設備可直接將數據寫入區塊鏈，減少對預言機的依賴。這種「原生鏈下數據上鏈」模式將進一步提升效率。

（2）智能合約的治理升級

當前智能合約多用於自動化執行（如收益分配），未來可能承擔更複雜的治理功能。例如，通證持有者可通過鏈上投票決定電站的擴容計劃，而投票結果將直接影響鏈下資產的運營策略。這種「鏈上決策 - 鏈下執行」的閉環治理，將推動 RWA 從被動管理轉向主動優化。

（3）合規框架的標準化

RWA 的全球推廣需要統一的合規標準。例如，如何界定鏈上通證的證券屬性？如何跨司法轄區協調數據隱私規則？這些問題的答案將決定 RWA 能否真正成為主流金融工具。協鑫能科的項目通過與螞蟻數科合作，探索「技術 + 制度」的雙輪驅動模式，為行業提供可複製的範例。

鏈上鏈下協同的本質，是數碼世界與物理世界的深度融合。它不僅改變了資產的管理方式，更重新定義了價值的流動邏輯。在協鑫能科的光伏 RWA 項目中，我們看到的不僅是技術的勝利，更是人類對「信任」這一古老命題的現代詮釋——通過代碼與數據，將物理資產的信用轉化為數碼資產的流動性。這種轉化仍在進行中，而它的終點，或許是一個真正去中心化、全球化、可持續的金融生態。

5.3. 退出機制：如何安全地「賣掉」你的數碼資產

現實世界資產（Real-World Assets, RWA）的通證化為投資者提供了全新的資產配置工具，但其核心挑戰始終在於如何構建高效、安全且合規的退出路徑。無論是房產代幣、光伏電站收益權，還是藝術品份額，投資者都需要明確的流動性解決方案，以應對市場波動、資金需求或投資策略調整。退出機制的設計不僅關乎資產的流通效率，更是 RWA 項目能否長期存續的關鍵。以下將從二級市場流動性、資產贖回與清算協議三個維度，系統闡述 RWA 退出機制的設計原則、依據與方法論。

5.3.1. 二級市場流動性：合規與效率的動態博弈

RWA 的流動性問題本質上是傳統金融與數碼資產世界的矛盾映射。傳統資產的流動性依賴於實體市場的交易深度和中介機構的撮合能力，而 RWA 通過區塊鏈技術試圖打破這一壁壘，將資產代幣化後引入鏈上交易。然而，鏈上交易的流動性並非天然存在，其設計需要解決三個核心矛盾：合規性約束、市場深度不足與價格發現機制缺失。

在合規性層面，RWA 的流動性設計必須優先考慮監管框架的邊界。建議考慮避免通過去中心化交易所（DEX）直接流通，而是優先選擇香港 HKDAX、新加坡 SGX 等持牌平台，持牌平台的集中化交易模式雖犧牲了部分去中心化的效率，卻為資產提供了法律認可的流通路徑，降低了因監管不確定性引發的流動性枯竭風險。

與此同時，流動性設計還需平衡效率與風險。以分層投資者結構為例，通過將投資者劃分為機構投資者與專業散戶，既能滿足高淨值客戶的即時交易需求，又能通過准入門檻（如淨資產限制）減少短期投機行為對底層資產的衝擊。例如，某些供應鏈金融類 RWA 項目要求散戶投資者需通過財富管理機構驗證身份，並設置 90 日轉讓冷卻期，從而抑制市場波動性。這種「分層設計」本質上是通過制度性約束，將流動性風險分散到不同投資者羣體中。

此外，資產組合的打包與標準化是提升流動性的另一關鍵策略。

通過探索資產組合退出，將單一資產 RWA 打包為 ETF 類產品，即可降低單一資產的波動性，從而吸引更廣泛的投資者。例如，將多個光伏電站的通證整合為基金產品，不僅能分散季節性發電收益的不確定性，還能通過規模效應降低交易成本。然而，這一策略的實施需克服資產同質化與信息披露合規的雙重挑戰——底層資產的異質性可能導致定價困難，而監管機構對 ETF 產品的透明度要求則可能增加發行方的合規成本。

RWA 的流動性建設並非單純依賴鏈上技術，而是需要傳統金融機構的深度參與。例如，持牌交易所（如 HashKey Exchange）為 RWA 通證提供合規化交易場所，吸引機構投資者入場，而資產管理公司則通過發行 RWA 基金（如貝萊德 BUIDL 國債基金）將代幣化資產納入傳統投資組合，進一步擴大市場深度。這種「鏈上 + 鏈下」的協同模式，既滿足監管要求，又通過機構資金池的穩定性緩解市場波動。

另一方面，自動化做市商（AMM） 的引入為 RWA 流動性注入了去中心化動力。例如，Pendle 協議通過將生息資產拆分為「本金代幣」（PT）和「收益代幣」（YT），並在流動性池中設置 PT/YT 交易對，利用恒定公式（X*Y=K）動態調整價格，吸引做市商提供流動性。這種機制不僅解決了傳統資產收益率難以交易的問題，還通過鏈上算法實現價格發現，為投資者提供靈活的收益對沖策略（如固定收益或多頭收益率）。

為解決「流動性」與「收益權」衝突問題，部分 RWA 項目將代幣拆分為交易幣（Trading Token）和收益幣（Yield Token）。

交易幣與收益幣的特點和功能

代幣種類	特點	功能
交易幣（Trading Token）	可自由買賣，類似於股票	價格受市場供需影響
收益幣（Yield Token）	鎖定底層資產的收益權，類似於銀行存單	收益按固定週期分配

例如，Ondo Finance 在 2024 年推出的美國國債代幣化產品中，投資者可選擇：

① 購買交易幣，隨時在市場上轉手；

② 購買收益幣，按季度領取國債利息。

這一設計的優勢在於，不僅可以滿足不同投資者需求：短期交易者可通過交易幣獲利，長期投資者則通過收益幣獲取穩定現金流；還能降低資產拋壓：交易幣的流通不會直接影響底層資產的收益分配。

5.3.2. 分層贖回設計：平衡流動性與收益性

在 RWA 領域，退出機制的核心矛盾在於短期流動性需求與長期資產價值的平衡。若底層資產（如房地產、應收賬款）本身缺乏即刻變現的通道，強制贖回可能導致資產折價拋售，進而引發系統性風險。因此，贖回機制的設計需遵循「分級觸發 + 動態調整」的原則。通過分層設計，既滿足投資者即時贖回需求，又避免因過度流動性導致資產貶值或系統性風險。

（1）即時贖回層：以流動性優先換取收益折讓

在 RWA 項目中，通常會設定 15%-20% 的即時贖回比例，允許投

資者隨時提取資金，但需承擔收益折讓（如打 6 折）。這一設計類似於銀行活期存款，其核心邏輯在於

① 降低系統性風險：通過限制即時贖回比例，避免因大量集中贖回導致底層資產被迫低價拋售；

② 激勵長期持有：收益折讓機制促使投資者理性評估自身流動性需求，減少短期投機行為。

以某光伏電站代幣化項目為例，其即時贖回層設定為 15%，投資者可隨時提取本金的 15%，但需按 6 折計算收益。例如，若某代幣面值為 100 美元，投資者選擇即時贖回 15 美元，實際到賬金額為 9 美元（15 美元本金 ×6 折），剩餘 6 美元需等待 3 天後到賬。這一機制既保障了部分流動性，又通過收益折讓抑制了短期套利行為。

（2）緩衝層：以時間換收益的階梯式設計

為兼顧長期持有者的收益最大化，RWA 項目常設計 35%-40% 的緩衝層，要求投資者在 3-7 天內完成贖回，但可獲得額外 20%-30% 的收益補償。例如，某房地產代幣化項目規定：

投資者若選擇 3 天後贖回，可獲得年化收益的 120%；

若選擇 7 天後贖回，年化收益提升至 130%。

這一設計的核心價值在於：

① 優化資金利用率：底層資產（如房產租金、電站收益）通常具有週期性，緩衝期允許項目方合理安排現金流；

② 減少市場衝擊：通過延遲贖回機制，避免大規模贖回對二級市場價格的劇烈擾動。

RWA 分层贖回機制設計

即時贖回

投資者立即提取資金，但收益減少

緩衝贖回

投資者等待一段時間以獲得更高的收益

更具體而言，我們以供應鏈金融類 RWA 為例，其贖回機制通常分為三層：常規贖回、壓力贖回與緊急贖回。常規贖回適用於底層資產現金流穩定的場景，投資者可通過智能合約發起贖回請求，資金在預設時間內到賬；壓力贖回則針對短期流動性緊張的情況，通過引入擔保方或流動性緩衝池優先保障核心投資者權益；緊急贖回則作為最後防線，在資產違約概率顯著上升時凍結贖回請求，並通過鏈上投票機制決定是否啟動清算程式。這種分層設計的核心在於風險緩釋——通過引入外部信用支持體系（如銀行擔保或保險機構），將贖回壓力從底層資產轉移到更穩健的金融工具中。

然而，這種機制也隱含着潛在矛盾：若擔保方自身流動性不足，可能導致整個系統的連鎖反應。因此，部分項目嘗試引入「多層級擔保結構」，例如由核心企業、保險公司與政府基金共同分擔風險，形成「信用金字塔」。這一策略雖能增強系統的抗風險能力，但也可能因複雜性增加而降低效率。

5.3.3. 智能清算系統：從危機處理到制度創新

RWA 項目的底層資產（如房產、電站）通常需要抵押品支撐，而市場波動可能導致抵押物價值下跌。智能清算系統的引入，使 RWA 項目能夠在風險事件發生時自動觸發清算，最大限度減少損失。

以跨境 RWA 項目為例，其清算協議可能涉及多個國家的法律框架。例如，在美國，證券型通證的清算需符合 SEC 的《證券法》要求；而在新加坡，清算程序可能優先適用《破產法》框架。這種法律差異使得跨境 RWA 項目的清算變得複雜，部分項目因此引入「多司法區清算代理人」，由第三方機構根據地域規則選擇最優清算路徑。

技術實現層面，清算協議需解決「鏈上自動化」與「鏈下執行」的協同問題。例如，若底層資產為實物（如房地產），如何通過智能合約自動執行拍賣？當前的解決方案包括：鏈下執行 + 鏈上記錄（清算指令由智能合約生成，但具體拍賣與過戶仍依賴鏈下機構操作，鏈上僅記錄結果）與自動化清算機器人（通過 AI 算法即時監測資產狀態，在觸發條件時自動聯繫拍賣平台並完成交易）。這兩種模式各有利弊：前者確保法律合規性，但效率較低；後者提升自動化水準，但可能因技術漏洞引發爭議。

（1）動態抵押率管理：鏈上即時監控與閾值觸發

智能清算系統的核心是動態抵押率管理。例如，某光伏電站代幣化項目通過 Chainlink 預言機即時監測電站發電量與市場電價，並設定以下規則：

抵押率閾值：若電站價值（發電量 × 電價）下跌超過 15%，觸發清算程式；

荷蘭式拍賣：清算時採用荷蘭式拍賣（價格從高到低遞減），優先匹配高價買家。

這一機制的價值在於：

快速回應風險：Chainlink 的即時數據同步使清算觸發延遲控制在 10 分鐘內；

最大化回收價值：荷蘭式拍賣相比傳統拍賣能提高約 15% 左右的回收率。

（2）保險覆蓋：引入第三方賠付機制

為降低清算帶來的損失，RWA 項目常與去中心化保險協議（如 Nexus Mutual）合作。例如：

Nexus Mutual 的保險條款：若抵押物清算後仍存在 10% 的損失，保險賠付最高可達損失金額的 20%；

賠付觸發條件：需通過社區投票確認風險事件的合法性。

某房地產代幣化項目在 2025 年成功應用該機制：由於市場暴跌，抵押房產值下跌使投資者實際損失控制 20%，觸發清算程式。最終，Nexus Mutual 賠付清算損失的 4%, 使投資者 的實际損失控制在 16% 以內。

5.3.4. RWA 退出機制的未來圖景

當前的退出機制設計仍以「風險應對」為主導，但未來可能向「主動治理」演進。例如，通過預測模型提前識別資產的流動性風險，並自動調整交易規則（如限制大額贖回），體現了從「事後補救」到「事前預防」的思維轉變。此外，投資者教育機制的完善（如利用鏈上數據可視化工具展示資產狀態）也將成為提升市場透明度的重要手段。

RWA 的退出機制本質上是一場關於「信任再分配」的實驗。它要求設計者在技術可行性、法律邊界與理性之間找到微妙的平衡點。一個成功的退出機制不僅能保護投資者的權益，更能通過透明化與自動化重塑現實資產的價值流動邏輯。這或許正是 RWA 區別於傳統金融的核心價值——它不僅連接了鏈上與鏈下，更重新定義了「退出」這一古老命題的現代答案。

通過上述分析可見，RWA 退出機制的設計並非孤立的技術問題，而是監管、市場與技術三者博弈的結果。真正成功的退出機制，必然是在風險可控與效率提升之間找到平衡點的產物。未來，隨着監管沙盒的深化與技術工具的完善，RWA 的流動性或向「混合模式」演進——在保障合規的前提下，適度引入鏈上流動性池與算法做市機制，但這一進程需以政策支持與市場教育為前提。

RWA 退出機制的成熟標誌着數碼資產從「持有」走向「流通」的關鍵轉折。未來，隨着分層贖回設計的普及、二級市場深度的提升及智能清算系統的完善，RWA 項目將逐步擺脱「流動性陷阱」，成為全球資本市場的核心組成部分。

① 分層贖回的標準化：監管機構可能出臺 RWA 贖回比例的統一標準，以平衡投資者權益與系統穩定性；

② 二級市場生態的擴展：更多傳統金融機構（如黑石、貝萊德）將進入 RWA 市場，推動代幣化資產的主流化；

③ 智能清算的全球化：跨國 RWA 項目可能引入多司法管轄區的清算規則（如歐盟 GDPR 合規清算），提升全球流動性。

RWA 市場的未來

標準化贖回

監管機構設定統一的贖回標準以平衡投資者權益和系統穩定性。

全球智能清算

跨國項目引入多司法管轄區的清算規則，提升流動性。

擴展的二級市場

傳統金融機構進入 RWA 市場，推動主流化。

第三篇：

行業應用
與百大案例

第六章
新能源 RWA：綠色金融的鏈上革命

6.1. 朗新科技首例基於充電樁實體資產的 RWA 項目

在新能源產業與數碼技術深度融合的浪潮中，RWA（現實世界資產）通證化逐漸成為連接實體經濟與金融創新的橋樑。而朗新科技與螞蟻數科合作完成的國內首單基於充電樁實體資產的 RWA 項目，不僅是技術落地的里程碑，更是綠色金融領域的一次範式突破。這一案例通過將充電樁收益權代幣化，為中小新能源運營商開闢了全新的融資路徑，也為全球投資者提供了參與中國綠色轉型的新入口。

6.1.1. 背景：新能源產業的「長尾難題」與融資困局

中國的新能源產業近年來發展迅猛，尤其是電動汽車充電基礎設施的建設，已成為推動能源轉型的重要抓手。然而，儘管行業前景廣闊，中小運營商卻面臨嚴峻的融資困境。據統計，我國 85% 的公共充電服務由民營企業提供，但 82% 以上的運營商僅擁有 10 個以下的充電站，50% 以上的投資規模低於 100 萬元。這些企業往往缺乏足夠的信用背書，傳統金融機構的融資門檻使其難以獲得資金支持，導致「重資產輕運營」的矛盾日益突出。

朗新科技旗下的新能源數碼化平台「新電途」恰好覆蓋了這一市場痛點。平台接入了全國超過 140 萬臺充電設備，服務 1500 萬註冊用戶，但中小運營商在資產盤活和融資渠道上的不足，限制了行業的規模化發展。如何將這些分散的、低價值的實體資產轉化為可流動的金融工具，成為亟待解決的問題。

6.1.2. 規劃方案：從實體資產到數碼資產的「鏈上轉變」

朗新科技與螞蟻數科的合作，以「新電途」平台上的充電樁資產為錨定物，通過區塊鏈技術實現了收益權的代幣化。這一方案的核心在於：將物理資產的收益流轉化為鏈上可交易的數碼資產，通過拆分、確權和智能合約的自動化執行，打破傳統資產的流動性壁壘。

具體而言，項目將充電樁的收益權拆分為小額代幣，每個代幣代表對應充電樁未來一段時間內的部分收益。例如，一臺充電樁的年化收益為 10 萬元，可被拆分為 10 萬個代幣，每個代幣的價值為 1 元。投資者購買這些代幣後，即可通過智能合約自動獲得充電樁的收益分配，而無需直接管理物理資產。這種「收益權代幣化」模式，不僅降低了投資門檻，還通過透明化和自動化提升了投資者的信任度。

技術實現上，項目依託螞蟻鏈的區塊鏈基礎設施，結合物聯網（IoT）設備即時回傳充電樁的運行數據（如充電次數、用電量、收益分成等），確保鏈上數據的不可篡改性。同時，通過零知識證明（ZKP）技術，實現了敏感數據的隱私保護，確保境內資產信息不出境，符合中國《數據出境安全評估辦法》的要求。

6.1.3. 實施路徑：從沙盒試點到跨境生態構建

這一 RWA 項目的實施路徑，展現了技術落地與監管創新的雙重突破。

首先，項目納入了香港金融管理局（HKMA）的 Ensemble 監管沙盒框架。沙盒機制為 RWA 的合規性提供了試驗空間，允許項目在受控環境中探索跨境數據流動與資產交易的邊界。朗新科技與螞蟻數科通過「境內聯盟鏈 + 香港交易鏈」的模式，解決了中國跨境數據監管的難題——境內資產鏈基於 Hyperledger Fabric，香港交易鏈基於 Polygon Supernets，跨鏈橋為螞蟻鏈 AntChain Bridge，形成「數據隔離但價值互通」的架構。

其次，項目的融資規模達 1 億元人民幣，資金主要用於儲能和充電樁產業的建設與運營，直接服務於數千家中小型運營商。這一資金注入不僅緩解了運營商的流動性壓力，還通過「投建管運」一體化服務（如 AI 智能運維、精准選址分析等），提升了資產的運營效率和收益穩定性。

更重要的是，項目通過香港持牌交易所（如 HashKey Exchange）完成了通證的首次掛牌交易。這一舉措標誌着 RWA 從「資產上鏈」邁向「資產流通」，為全球投資者提供了參與中國新能源資產投資的窗口。而螞蟻數科的區塊鏈平台，則進一步為二級市場提供了流動性支持，通過「兩鏈一橋」設計（資產鏈、交易鏈及跨鏈橋），實現了鏈上與鏈下的無縫銜接。

資產鏈作為整個系統的「數據源頭」，專注於實體資產的數碼化與標準化。在充電樁 RWA 項目中，資產鏈通過物聯網（IoT）設備即時採集充電樁的運營數據（如充電次數、用電量、收益分成等），並將其與物理資產綁定，形成不可篡改的數碼憑證。例如，一臺充電樁的收益權被拆分為 10 萬個代幣後，資產鏈會記錄每個代幣的發行時間、對應資產識別碼（如設備編號）以及收益分配規則。這一過程通過數實孿生技術實現——即每個實體資產在鏈上都有一個對應的「數碼孿生體」，其狀態與物理資產即時同步。

值得注意的是，資產鏈採用了聯盟鏈模式。聯盟鏈的參與者包括資產所有者（如充電樁運營商）、風險評級機構及監管方，各方通過數據授權機制共用資產信息，但數據訪問許可權受限於預設的規則。例如，境外投資者無法直接訪問充電樁的原始運營數據，但可以通過智能合約驗證收益分配的真實性。這種設計既滿足了中國《數據出境安全評估辦法》對境內數據不出境的要求，又通過「可驗證不可見」的方式確保了跨境交易的合規性。

交易鏈則專注於資金的通證化與交易撮合。在該項目中，交易鏈負責將傳統金融機構的資金（如銀行貸款或基金投資）轉化為鏈上的通證，並通過智能合約實現資金的自動流轉。例如，當投資者在 HashKey Exchange 購買充電樁代幣時，交易鏈會生成一筆通證交易記錄，並通過智能合約將資金劃轉至運營商的帳戶。交易鏈同樣採用聯盟鏈架構，參與者包括持牌交易所、做市商及清算機構，以確保交易的透明性與合規性。

螞蟻鏈可信跨鏈橋是連接資產鏈與交易鏈的關鍵樞紐。由於資產鏈與交易鏈分別部署在不同的區塊鏈網絡（如 Hyperledger Fabric 與 Polygon Supernets），跨鏈橋需要解決數據格式轉換、資產映射及跨鏈驗證等技術難題。在充電樁 RWA 項目中，跨鏈橋通過零知識證明（ZKP）技術實現了「數據隔離但價值互通」。例如，資產鏈上的充電樁收益數據不會直接傳輸至交易鏈，而是通過 ZKP 生成可驗證的加密證明，確保境外投資者能夠確認收益的真實性，而無需獲取原始數據。這種設計既規避了跨境數據流動的風險，又為全球投資者提供了可信的參與路徑。

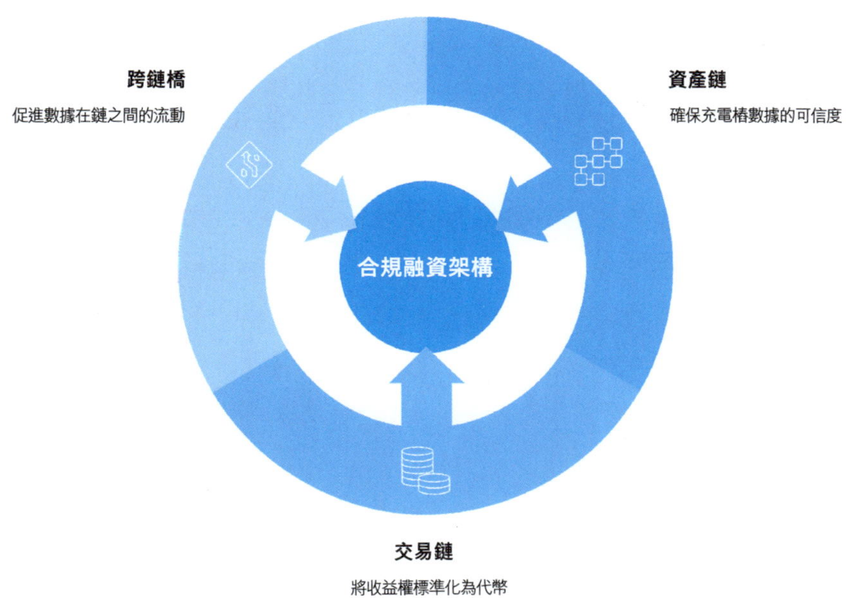

6.1.4. 最終效果：綠色金融的「鏈式反應」

這一案例的實際成效，遠超傳統融資模式的局限性。

對中小運營商而言，RWA 的推出顯著降低了融資成本和門檻。以往，中小運營商需要通過抵押房產或尋求政府補貼才能獲得融資，而 RWA 通過收益權代幣化，直接將資產的未來現金流轉化為可交易的金融工具。例如，某運營商擁有 100 個充電樁，通過 RWA 融資 1000 萬元後，不僅解決了設備升級的資金問題，還通過智能合約的收益分配機制，吸引了長期投資者的關注，形成了「融資 - 運營 - 再融資」的良性循環。

對投資者而言，這一模式提供了參與綠色資產的新渠道。傳統的新能源投資往往需要大量資金和專業能力，而 RWA 的碎片化設計使得普通投資者也能以千元級別參與投資。例如，某國際投資者通過 HashKey Exchange 購入 1000 個代幣，每年即可獲得約 1000 元的收益，同時無需承擔資產管理和地域風險。這種「低門檻、高透明」的特性，顯著提升了綠色資產的吸引力。

對行業生態而言，這一案例推動了新能源與數碼金融的深度融合。通過區塊鏈技術，充電樁的收益流實現了全生命週期的追蹤與分配，為行業建立了可複製的標準化模型。例如，新電途平台已開始探索「光儲充一體化場站」的代幣化方案，進一步將太陽能發電、儲能設備與充電服務整合為複合型資產包，提升了整體收益的穩定性。

6.1.5. 辯證思考：創新與挑戰的共生邏輯

儘管這一案例取得了顯著成效，但其背後仍存在需要深思的問題。

合規性與跨境流動的平衡：RWA 的跨境屬性使其面臨多國法律的挑戰。例如，中國現行外匯管理條例對跨境資金流動的限制，可能影響國際投資者的參與意願。而隱私保護技術（如 ZKP）的成熟度，也決定了數據隔離的有效性。未來，如何在合規框架內實現更高效的跨境交易，將是 RWA 發展的關鍵課題。

技術風險與資產波動性：充電樁的收益受電價政策、電網調度等因素影響較大，存在一定的波動性。儘管項目通過動態準備金帳戶（提取 5% 收益作為緩衝基金）對沖風險，但面對極端天氣或政策調整，仍需引入更複雜的金融工具（如天氣衍生品或電力期貨）進行對沖。此外，區塊鏈技術的穩定性（如智能合約漏洞）也可能引發潛在風險，需通過多重審計和冗餘設計加以防範。

市場教育與投資者認知：RWA 作為一種新興資產形式，對投資者的認知門檻較高。例如，如何解釋「收益權代幣化」與傳統股權的區別，如何評估充電樁資產的長期價值，仍是市場推廣中的難點。未來，需通過教育工具（如鏈上數據可視化平台）和透明化披露機制，逐步建立投資者信任。

6.1.6. 小結

朗新科技與螞蟻數科的充電樁 RWA 項目，不僅是一次技術與商業的融合實驗，更是綠色金融邁向數碼化時代的標誌性事件。它證明了 RWA 在解決實體資產流動性難題、賦能中小運營商和吸引全球資本方面的巨大潛力。然而，這一模式的可持續性，仍需依賴政策支持、技術迭代和市場教育的協同推進。

RWA 的意義不在於創造「虛擬貨幣」，而在於將現實世界的資產價值通過數碼技術重新啟動。當充電樁的收益流被轉化為鏈上通證，當綠色能源的每一度電都成為可交易的金融工具，我們或許正在見證一場真正的「鏈上革命」——它不僅重塑了資產的價值邏輯，也為全球能源轉型提供了新的解決方案。

6.2. 阿聯酋太陽能電站代幣化：SustVest 平台的實踐探索

在阿聯酋的綠色能源轉型浪潮中，太陽能發電的規模化發展不僅是技術突破的體現，更成為全球資本與創新模式的試驗場。其中，SustVest 平台推出的太陽能代幣化項目，以「單個太陽能電池」的通證化為核心，將新能源資產的碎片化與普惠化推向了新的高度。這一案例不僅揭示了 RWA（現實世界資產）通證化在主權國家能源戰略中的獨特價值，也為全球綠色金融提供了全新的商業邏輯與社會意義。

6.2.1. 背景：從能源基建到資本民主化

阿聯酋的能源轉型目標雄心勃勃——到 2050 年實現碳中和，清潔能源占比提升至 50%。然而，這一目標的實現不僅依賴於大型太陽能電站的建設，更需要中小規模項目的廣泛參與，尤其是屋頂太陽能的普及。儘管阿聯酋的光照資源得天獨厚，但屋頂太陽能的推廣卻面臨兩大障礙：技術成本高與資本門檻高。對於普通家庭或中小企業而言，安裝太陽能系統的初始投入往往超過其經濟承受能力，而傳統金融機構的融資模式又難以覆蓋這類小額、分散的項目需求。

SustVest 平台的誕生，正是為了解決這一矛盾。作為一家專注於綠色資產代幣化的初創企業，SustVest 通過區塊鏈技術將太陽能項目的投資單元拆解至「單個太陽能電池」級別，使普通投資者能夠以低成本參與新能源資產的所有權。這種「微粒化投資」的理念，與阿聯酋政府推動的「全民參與綠色轉型」戰略高度契合，也為中東地區能源民主化提供了實踐路徑。

6.2.2. 規劃方案：從物理單元到數碼權益

SustVest 的太陽能代幣化項目，以「屋頂太陽能電池」為最小投資單元，其核心在於將實體資產的收益權轉化為可交易的數碼通證，並通過智能合約實現收益的自動分配。

具體而言，平台與阿聯酋的能源開發商合作，在居民區或工業園區的屋頂安裝太陽能板，每塊太陽能電池板被劃分為若干個「代幣份額」，每個代幣代表該電池板未來一段時間內（如 10 年）的部分發電收益權。例如，一塊成本為 500 美元的太陽能電池，可被拆分為 500

枚代幣，每枚代幣的價格為 1 美元。投資者購買代幣後，即可通過智能合約按比例獲得該電池板產生的電費收益，而無需承擔設備維護或物理管理的責任。

這一模式的關鍵創新在於：通過區塊鏈技術實現資產的「數實融合」。每塊太陽能電池板的發電數據（如發電量、用電量、收益分成等）由物聯網感測器即時上傳至鏈上，並通過哈希算法生成不可篡改的存證。投資者可通過區塊鏈瀏覽器 SustVest 平台的可視化界面，即時追蹤其代幣對應的資產狀態與收益分配記錄。這種透明化的設計，不僅增強了投資者的信任，也解決了傳統能源項目中常見的「信息不對稱」問題。

6.2.3. 實施路徑：從試點到規模化複製

SustVest 的太陽能代幣化項目在阿聯酋的實施路徑，展現了技術落地與政策支持的雙重驅動。

第一步：資產確權與數據錨定

項目初期，SustVest 與阿布扎比的能源開發商合作，在迪拜南部的工業園區安裝首批太陽能板。每塊電池板均配備 IoT 設備，即時採集發電數據，並通過 SustVest 自研的區塊鏈平台進行上鏈存證。例如，某塊電池板的月發電量為 1000 千瓦時，平台會自動記錄其對應的收益，並將其拆分為代幣份額。這一過程通過「數實孿生技術」實現——即每塊物理電池板在鏈上都有一個對應的「數碼孿生體」，其狀態與物理資產即時同步。

第二步：代幣發行與投資者准入

代幣的發行採用「小額化 + 分層准入」的策略。SustVest 通過其平台向全球投資者開放代幣購買，單筆投資門檻低至 10 美元，遠低於傳統新能源項目的投資門檻。同時，平台引入「KYC+AML」機制，對投資者進行身份驗證與風險評估，確保符合阿聯酋金融監管局（ADGM）的要求。例如，個人投資者需提供銀行帳戶與身份證件，而機構投資者則需提交資質證明與投資計劃書。

第三步：收益分配與流動性管理

代幣的收益分配通過智能合約自動執行。當太陽能電池板產生電費收入後，平台會按預設規則（如扣除運維成本後按比例分配）將收益分配至投資者帳戶。例如，若某塊電池板的月收益為 400，扣除運維成本 200，扣除運維成本 50 後，剩餘 $150 將按代幣份額分配至投資者帳戶。此外，SustVest 還與迪拜虛擬資產交易所（DVF）合作，為代幣提供二級市場交易功能，投資者可通過平台自由買賣代幣，實現資產的流動性。

第四步：政策支持與跨境協同

阿聯酋政府對該項目的推進提供了關鍵支持。迪拜虛擬資產監管局（VFSA）為 SustVest 的代幣化項目頒發了「虛擬資產發行牌照」，並允許其在 ADGM 框架下進行跨境交易。同時，阿聯酋中央銀行（CBUAE）正在開發的 CBDC「Aber」項目，也為代幣收益的結算提供了潛在路徑。例如，未來投資者的收益可通過「Aber」跨境支付系統直接兌換為美元或歐元，進一步降低交易成本。

6.2.4. 最終效果：普惠金融與能源民主化的新範式

SustVest 的太陽能代幣化項目在阿聯酋的實施，取得了顯著的社會與經濟成效。

對能源開發而言，項目為中小規模太陽能項目提供了穩定的融資渠道。例如，某工業園區的屋頂太陽能項目通過 SustVest 融資 100 萬美元，成功安裝了 2000 塊太陽能電池板，年發電量達 1200 兆瓦時，滿足園區 30% 的用電需求。這種「分佈式發電 + 代幣化融資」的模式，不僅降低了能源開發商的前期投入壓力，還通過市場化機制優化了資源配置。

對投資者而言，項目為全球資本打開了參與綠色能源的新窗口。據統計，SustVest 平台上線首月即吸引了來自 30 個國家的投資者，其中 70% 為首次參與新能源資產投資的個人用戶。由於代幣的收益率穩定（年化約 4%-6%），且投資門檻極低，該項目顯著提升了綠色金融的普惠性。例如，一名迪拜居民通過投資 100 美元的代幣，每年可獲得 4-6 美元的收益，而無需承擔設備安裝與維護的複雜性。

對社會而言，項目推動了能源民主化與碳中和目標的實現。通過將太陽能資產的收益權開放給公眾，SustVest 不僅增強了社會對綠色能源的認同感，還通過「人人皆可投資」的模式擴大了清潔能源的覆蓋範圍。例如，某社區通過 SustVest 平台完成了屋頂太陽能的集體投資，使得該社區的用電碳排放減少了 20%，並為居民提供了穩定的電價補貼。

6.2.5. 辯證思考：技術賦能與制度挑戰的共生邏輯

儘管 SustVest 的案例展現了 RWA 的巨大潛力，但其成功也揭示了技術賦能與制度挑戰的複雜關係。

（1）技術層面的突破與局限：

SustVest 通過區塊鏈與 IoT 的結合，實現了能源資產的透明化與去信任化，但這一模式仍面臨技術風險。例如，若 IoT 設備因故障或惡意攻擊導致數據失真，智能合約的自動分配機制可能引發投資者的損失。因此，平台需通過冗餘設計（如多節點數據校驗）與第三方審計機制，確保數據的可靠性。此外，代幣的二級市場流動性依賴於做市商的活躍度，若市場參與者不足，可能導致代幣價格波動加劇，影響投資者信心。

（2）制度層面的機遇與風險：

阿聯酋的監管框架為 SustVest 的代幣化項目提供了寬鬆的政策環境，但這也暴露了全球 RWA 監管的碎片化問題。例如，SustVest 的代幣在歐洲市場的合規性仍需通過歐盟 MiCA（《加密資產市場法規》）的審查，而不同國家對「收益權代幣化」的法律定義差異，可能影響項目的跨境擴展。此外，代幣收益的稅務處理（如是否屬於「資本利得」或「股息收入」）也需與各國稅法協調，否則可能引發監管爭議。

（3）社會層面的接受度與教育成本：

儘管 SustVest 的代幣化模式降低了投資門檻，但普通投資者對「太陽能電池代幣」的認知仍處於初級階段。例如，部分投資者誤將代幣視為「類債券」，忽視其價格波動性，導致在市場波動時出現非理性交易。因此，平台需通過投資者教育（如收益模擬器、風險提示機制）提升市場成熟度，同時通過社區運營（如用戶論壇、線下路演）增強用戶粘性。

6.2.6. 小結

SustVest 的太陽能代幣化項目，不僅是技術與商業的創新實驗，更是綠色金融邁向普惠時代的標誌性事件。它通過將太陽能資產的最小單元「電池板」通證化，為全球資本提供了參與能源轉型的微觀路徑，同時也為阿聯酋的碳中和目標注入了新的活力。

這一案例的價值，遠不止於融資效率的提升。當一塊太陽能電池板的收益權通過區塊鏈技術成為全球投資者的共有資產，當能源民主化從口號變為現實，我們或許正在見證一場由中東國家主導的「綠色金融革命」——它不僅重塑了能源資產的價值邏輯，也為全球碳中和目標提供了新的解決方案。

從中國的充電樁項目到阿聯酋的太陽能電站，RWA 技術正在重塑新能源資產的流通邏輯。其核心價值在於：

資產流動性革命：通過通證化，將重資產轉化為可交易的數碼權益，打破傳統金融對實體資產估值的局限；

全球資本聯動：區塊鏈技術消除了地域與監管壁壘，使新能源資產成為全球投資者的共同標的；

可持續發展賦能：通證化模式為綠色能源項目提供了低成本融資渠道，加速碳中和目標的實現。

據國際能源署（IEA）預測，到 2030 年，全球新能源 RWA 市場規模將突破萬億美元，其中中國、中東、東南亞三國 / 地區占比超 60%。隨着技術迭代與監管框架的完善，RWA 將成為綠色金融的核心基礎設施，為新能源產業注入持續創新動力。

第七章 房地產 RWA：不動產的碎片化投資

房地產作為傳統金融領域最核心的資產類別之一，長期面臨流動性低、投資門檻高、交易週期長等痛點。隨着區塊鏈技術的發展，RWA（現實世界資產）通證化正在重塑房地產投資邏輯，通過智能合約、代幣化分割和去中心化金融（DeFi）工具，將不動產轉化為可編程、可流通的數碼資產。本章聚焦新加坡和美國的兩大創新案例，解析房地產 RWA 如何通過「產權數碼化」和「碎片化投資」突破傳統限制，為全球投資者打開新市場。

7.1. Propy 平台的智能合約產權登記

在房地產交易領域，產權登記的複雜性與低效率長期困擾着買賣雙方、中介機構與政府機構。從紙質檔的傳遞到人工審核的延遲，傳統流程不僅耗時耗力，還因信息孤島與信任成本導致糾紛頻發。而 Propy 平台的出現，通過區塊鏈技術與智能合約的結合，將房地產產權登記從「物理世界」遷移至「數碼世界」，為全球房地產交易提供了一種全新的範式。這一案例不僅展現了 RWA（現實世界資產）通證化在不動產領域的實踐潛力，更揭示了技術如何重塑資產確權與交易的底層邏輯。

7.1.1. 背景：房地產交易的信任危機與效率困境

房地產交易的核心矛盾在於資產確權的權威性與交易流程的透明性。以中國為例，一套房產的產權轉移需經歷至少 10 個環節，包括合同簽署、資金託管、產權審核、稅務繳納與登記變更，整個過程可能耗時數周甚至數月。在此過程中，買賣雙方需依賴中介機構（如銀行、律師、公證處）進行信息驗證與風險控制，但這些機構的參與往往增加了交易成本，且難以完全消除信息不對稱帶來的信任風險。例如，賣方可能隱瞞抵押或查封信息，買方則難以即時驗證產權的真實性，導致交易糾紛頻發。

與此同時，傳統產權登記系統的技術局限性也暴露無遺。大多數國家的不動產登記仍依賴中心化的資料庫，數據更新滯後且易受人為操作影響。例如，在非洲部分地區，因土地確權檔管理混亂，超過 30% 的房產存在「隱形產權人」，導致交易合法性存疑。如何通過技術手段實現產權登記的去中心化、可追溯化與自動化，成為全球房地產行業亟待解決的痛點。

7.1.2. 規劃方案：從紙質契約到鏈上契約

Propy 平台的解決方案，核心在於將房地產產權登記與交易流程全面數碼化，並通過智能合約實現自動執行。其技術架構由三層構成：

- 數據層：通過物聯網（IoT）設備採集房產的物理信息（如地理位置、建築結構、歷史交易記錄），並將其上鏈形成不可篡改的數碼檔案；
- 合約層：基於以太坊或聯盟鏈構建智能合約範本，涵蓋產權轉讓、資金託管、稅務計算與登記變更等交易規則；
- 應用層：面向買賣雙方與中介機構的用戶界面，提供產權驗證、交易撮合與合規審查功能。

以美國夏威夷某住宅產權交易為例，Propy 將整個流程拆解為五個關鍵步驟：

① 產權確權：賣方上傳房產的政府登記檔案（如土地使用權證、竣工驗收報告），並通過區塊鏈生成哈希存證，確保檔案的真實性與唯一性；

② 智能合約部署：買賣雙方在平台上簽署電子合同，系統自動生成包含交易條款（如價格、付款方式、產權轉移時間）的智能合約；

③ 資金託管：買方將購房款存入智能合約指定的託管帳戶，賣方需完成產權解押與稅務申報後，智能合約才會釋放資金；

④ 登記變更：智能合約觸發後，系統自動向當地土地登記機構提交電子化產權變更申請，並同步更新區塊鏈上的產權狀態；

⑤ 交付完成：買方通過平台下載電子產權證書，並獲得實物鑰匙的交接許可權。

這一流程的關鍵創新在於：將傳統交易中的「人工審核」替換為「鏈上驗證」。例如，在資金託管環節，智能合約會自動驗證買方的付款記錄與賣方的產權狀態，若任一條件未滿足（如產權被凍結），交易將被中止，無需依賴第三方仲裁。

7.1.3. 實施路徑：技術穿透與制度協同的雙重驅動

Propy 的實施路徑展現了技術落地與政策支持的深度融合。

（1）技術穿透：從數據孤島到鏈上共識

Propy 通過「數實融合」技術解決了房地產數據的碎片化問題。在烏克蘭試點中，平台與當地政府合作，將政府登記系統與區塊鏈網絡打通。例如，當智能合約觸發產權變更請求時，系統會自動調用政府 API 接口，驗證房產的最新狀態，並在區塊鏈上生成帶有政府簽章的電子證書。這一設計不僅提升了數據同步效率，還通過「鏈上存證＋政府背書」的雙重機制增強了交易的可信度。

此外，Propy 引入了哈希存證與許可權隔離技術，以保護買賣雙方的隱私。例如，買方在驗證賣方的產權合法性時，只需通過哈希算法生成加密證明即可確認產權歸屬，而無需獲取完整的產權歷史記錄。這種「可驗證不可見」的設計，既滿足了監管對數據透明的要求，又避免了敏感信息的洩露。

（2）制度協同：從監管顧慮到合規創新

Propy 的實施並非一帆風順。在初期，美國監管機構對區塊鏈技術在產權登記中的應用持謹慎態度，主要擔憂包括：

法律相容性：傳統法律體系如何認可區塊鏈上的電子證書？

責任歸屬：若智能合約執行發生錯誤（如誤轉資金），責任應由誰承擔？

跨境效力：在跨國房地產交易中，鏈上記錄能否作為法律依據？

為解決這些問題，Propy 與美國證券交易委員會（SEC）及州級監管機構合作，制定了「鏈上登記＋政府備案」的雙軌模式。例如，所有通過 Propy 完成的產權交易，均需同步向相關土地登記機構提交紙質備案，確保法律效力不受技術形式影響。同時，平台引入「鏈上審計」功能，允許監管機構即時追蹤交易數據，並通過智能合約的代碼審計降低技術風險。

7.1.4. 最終效果：效率革命與信任重構

Propy 的實踐在烏克蘭與美國取得了顯著成效，也為全球房地產行業提供了可複製的經驗。

（1）效率提升：從數周到數天

在夏威夷試點中，一套房產的產權交易時間從傳統的 14 天縮短至 7 天。例如，2025 年通過 Propy 完成的某公寓交易，僅用 7 天便完成產權審核、資金託管與登記變更，買賣雙方無需親自到場，全流程通過線上完成。這一效率的提升，不僅降低了交易成本（節省約 30% 的中介費用），還大幅減少了因流程延遲引發的違約風險。

（2）信任重構：從依賴中介到鏈上共識

Propy 通過區塊鏈技術消除了傳統交易中的信任依賴障礙。例如，在某宗商業地產交易中，買方通過鏈上驗證發現賣方曾隱瞞抵押信息，立即中止交易並啟動退款流程。這種「自動校驗 + 不可篡改」的特性，使得交易糾紛率下降了 40%，並增強了市場參與者對數碼產權的信心。

（3）社會價值：從局部試點到全球擴展

Propy 的成功吸引了國際市場的關注。2025 年，平台宣佈與 Proof 協議合作，推出 BTC 抵押貸款功能，支持全鏈上交易，並計劃進一步擴展至美國其他地區。這一模式有望為更多無產權證明的房產提供合法化路徑，從而促進房地產市場的規範化發展。

7.1.5. 辯證思考：技術賦能與現實挑戰的共生

儘管 Propy 的案例展現了 RWA 在房地產領域的巨大潛力，但其成功也揭示了技術賦能與現實挑戰的複雜關係。

（1）技術層面的突破與局限

Propy 通過區塊鏈與智能合約的結合，實現了產權登記的自動化與透明化，但這一模式仍面臨技術瓶頸。例如，鏈上數據的即時性依賴於政府系統的回應速度，若土地登記機構的 API 接口出現延遲，可能導致交易中斷。此外，智能合約的代碼漏洞可能引發資金安全風險，因此平台需通過冗餘設計（如多節點數據校驗）與第三方審計機制，確保數據的可靠性。

（2）制度層面的機遇與風險

Propy 的「鏈上登記 + 政府備案」模式在烏克蘭與美國取得了成功，但在其他司法管轄區推廣時可能遭遇制度障礙。例如，在歐盟《數碼運營韌性法案》（DORA）框架下，區塊鏈系統的安全性與可審計性需滿足更嚴格的合規要求，而某些國家的法律尚未明確承認電子產權證書的法律效力。此外，跨國房地產交易中，不同國家的產權登記標準差異可能導致鏈上數據的互操作性問題。

（3）社會層面的接受度與教育成本

儘管 Propy 降低了交易門檻，但普通用戶對區塊鏈技術的認知仍處於初級階段。例如，在美國的早期試點中，部分買方因不熟悉鏈上操作流程而放棄使用平台，最終選擇傳統中介服務。因此，平台需通過用戶教育（如操作指南、客服支持）與社區運營（如線下講座、合作機構培訓）提升用戶粘性，同時通過簡化界面設計降低學習成本。

7.1.6. 小結

Propy 的智能合約產權登記案例，不僅是技術與商業的創新實驗，更是房地產行業邁向數碼化時代的標誌性事件。它通過區塊鏈技術將產權登記從「人工信任」升級為「算法信任」，不僅提升了交易效率，還重構了資產確權的價值邏輯。

這一案例的價值遠不止於房地產領域。當產權登記成為鏈上共識，當交易規則通過代碼自動執行，我們或許正在見證一場由技術驅動的「信任基礎設施革命」——它不僅改變了房地產交易的遊戲規則，也為全球資產數碼化提供了新的可能性。

7.2. CitaDAO：房地產與 DeFi 的「可組合性革命」

CitaDAO 的獨特性在於其對「鏈上房地產」的技術重構——它並非簡單地將房產代幣化，而是通過資產碎片化 +DeFi 協議交互，將房地產轉化為可編程、可流動的金融基礎設施。這一模式的核心突破在於：將房地產從「物理資產」升級為「鏈上資產」，使其成為 DeFi 生態中的基礎模組，而非孤立的金融工具。

7.2.1. 技術邏輯：從「產權分割」到「鏈上可組合性」

CitaDAO 的技術設計圍繞「可組合性」展開。傳統房地產的不可分割性限制了其流動性，而 CitaDAO 通過 ERC-20 代幣（RET）+SPV 法律實體的雙層架構，實現了產權的原子化拆分。例如，一套價值 100 萬美元的倫敦商業地產被拆分為 100 萬枚 RET 代幣，每枚代幣代表 0.001% 的所有權。這一設計的關鍵在於：

鏈上可編程性：RET 代幣不僅代表收益權，還可通過智能合約與 DeFi 協議（如 Uniswap、SushiSwap）交互，實現自動化的流動性提供、質押挖礦和跨資產組合。例如，持有者可將 RET 存入流動性池，獲得交易手續費分成，或將其作為抵押品借入穩定幣。

治理去中心化：CitaDAO 引入 DAO（去中心化自治組織）機制，RET 持有者可通過鏈上投票決定資產運營策略（如租金分配比例、翻新計劃），甚至發起對房產的買斷提案。這種「產權民主化」打破了傳統地產公司對決策權的壟斷。

7.2.2. 市場定位：DeFi 生態的「資產入口」

CitaDAO 的野心超越了房地產本身。它試圖成為 DeFi 生態中的「資產入口」，通過鏈上房地產代幣（RET）吸引傳統資產與加密資產的交叉用戶。例如：

對機構投資者：RET 代幣可作為高收益資產錨定標的，通過與 MakerDAO 等協議合作，允許質押 RET 生成穩定幣，從而為機構提供低風險的流動性解決方案。

對散戶用戶：RET 的低門檻（最低投資約 340 美元）和鏈上透明性，使得全球散戶得以參與原本高壁壘的商業地產投資，並通過 DeFi 協議獲取額外收益。

7.2.3. 特殊挑戰：法律與技術的「雙軌並行」

CitaDAO 的創新性也帶來了獨特的風險。其核心矛盾在於鏈上智能合約與現實世界法律體系的協同問題：

產權贖回權的法律模糊性：RET 代幣持有者通過 SPV 結構間接擁有產權，但若 SPV 實體遭遇法律糾紛（如產權被凍結），代幣持有者的權益難以直接對抗第三方主張。

監管套利的潛在風險：CitaDAO 雖未參與新加坡 MAS 沙盒，但其通過英聯邦法律框架規避監管，這種「選擇性合規」可能在未來引發跨境監管衝突。例如，若某國認定 RET 代幣為證券，CitaDAO 需重新調整其代幣經濟模型。

7.2.4. 行業意義：從「資產上鏈」到「生態構建」

CitaDAO 的價值不僅在於房地產代幣化，更在於其推動 DeFi 與現實資產融合的範式創新。通過將房地產轉化為可編程資產，它為

DeFi 生態注入了真實世界的現金流和價值錨點，從而緩解了加密市場過度依賴投機的困境。

7.3. RealT 美國住宅代幣化

美國房地產市場長期面臨流動性不足與投資門檻過高的雙重困境。RealT 平台通過區塊鏈技術實現的住宅代幣化模式，重塑了傳統房產投資的範式，並在合規框架下開創了「碎片化資產金融化」的新路徑。這一模式的核心在於將實體房產轉化為可編程的鏈上資產，並賦予其與 DeFi 協議交互的能力。

RealT 的技術架構基於特拉華州系列有限責任公司（Series LLC），每個房產對應一個獨立的法律實體，並通過 ERC-20 代幣映射所有權。以底特律一棟估值 18.5 萬美元的獨棟住宅為例，該資產被代幣化為 37 萬枚 RealToken，每枚代幣對應 0.0027% 的產權份額，最低投資門檻設定為 50 美元（約 125 枚代幣）。這種設計打破了傳統房產投資的物理邊界——一位來自尼日利亞的投資者僅需通過 MetaMask 錢包即可持有該房產份額，並通過智能合約自動獲取租金收益。

RealT 的租金分配機制體現了區塊鏈的透明性與效率。房產出租後，租金收入實時轉換為穩定幣（如 DAI），並按代幣份額每日分配到投資者錢包。例如，若某住宅月租金為 1,200 美元，持有 1,000 枚代幣的投資者每日可獲得約 0.11 美元收益（年化收益率約 8%）。截至 2025 年 4 月，RealT 平台已管理超過 1,200 處房產，累計分配租金收益逾 2,300 萬美元。

RealT 的代幣化房產通過與 DeFi 協議的整合，實現了「靜態資產動態化」。投資者可將 RealToken 抵押至 Aave 等借貸平台，根據協議設定的抵押率（如 65%）獲取穩定幣貸款。例如，持有價值 1,000 美元的代幣可撬動 650 美元流動資金用於其他投資，且抵押倉位的清算閾值通過預言機實時監測房產估值波動。

風險管理方面，RealT 引入「雙層保險池」機制：

- 基礎保險池：從每筆租金收入中提取一定比例注入智能合約，用於覆蓋租客違約、房屋損毀等常規風險；
- 再保險層：與傳統保險公司合作，通過鏈上數據接口實現災害理賠的自動觸發。

RealT 的合法性建立在美國《證券法》Regulation A+ 豁免條款之上。該條款允許非認證投資者參與證券化融資，最高募資額度為 7,500

萬美元（Tier 2 級別）。RealT 正在積極推進 SEC 合規審查，其法律結構包含三重保障：

① SPV 隔離：每個房產對應的 Series LLC 獨立承擔法律責任，避免資產混同風險；

② 投資者權利：代幣持有人可通過鏈上治理投票決定物業管理方的更換與重大維修等事項；

③ 稅穿透設計：租金收益按比例分配至投資者個人稅號，避免雙重徵稅。

典型案例是 2024 年第三季度，RealT 社區通過 Snapshot 治理平台發起投票，以 82% 支持率將芝加哥某公寓樓的物業管理公司從傳統地產商切換至區塊鏈物管平台 Propy，使管理成本從月均 1,200 美元降至 900 美元，成本降低 25%。

儘管 RealT 模式展現出變革潛力，仍需面對三重挑戰：

- 估值爭議：房產代幣價格依賴鏈下評估與預言機數據，市場波動可能導致抵押倉位非常規清算；
- 監管差異：非美國投資者需面臨跨境稅務申報複雜性問題，部分國家尚未承認代幣化產權的法律效力；
- 生態依賴：DeFi 協議的安全性直接影響資產流動性，2025 年 3 月 Compound 協議的短時故障曾導致 2.4 萬美元的抵押資產異常清算。

波士頓諮詢集團（BCG）2024 年報告預測 2030 年 RWA 代幣化市場達 16 萬億美元，而 RealT 的實踐證明，區塊鏈技術不僅能降低金融服務門檻，更可能重構資產所有權的社會認知——當一棟底特律住宅的產權被來自 23 個國家的 1,485 名投資者共同持有時，傳統的「地產邊界」正在被數碼化協作重新定義。

第八章
農業與供應鏈 RWA

農業與供應鏈作為全球經濟的基礎性產業，長期面臨資產流動性低、融資渠道單一、信息不對稱等痛點。隨着區塊鏈技術的成熟，現實世界資產（RWA）通證化正在重塑農業與供應鏈金融的底層邏輯。通過將農業生產數據、供應鏈物流信息轉化為可交易的數碼資產，農業與供應鏈 RWA 不僅解決了傳統資產的定價難題，還為中小企業和農戶提供了低成本的融資路徑。本章聚焦中國「馬陸葡萄」項目與中糧集團的巴西大豆供應鏈案例，深入解析農業與供應鏈 RWA 的技術架構、合規設計及行業影響，並揭示其對全球農業數碼化轉型的深遠意義。

8.1. 左岸芯慧「馬陸葡萄」：種植數據資產化的千萬元融資

2024 年 11 月，上海馬陸葡萄合作社聯合左岸芯慧（上海）數據技術股份有限公司，推出國內首個農業領域 RWA 項目——「馬陸葡萄 RWA」。該項目以區塊鏈技術為核心，將葡萄種植數據與實體資產結合，成功完成 1000 萬元股權融資，開創了「數據 + 實物」雙資產通證化模式。這一創新不僅為地理標誌農產品提供了新型融資路徑，也為農業數據資產化探索了可複製的範式。

8.1.1. 數據資產化的技術路徑

「馬陸葡萄 RWA」項目的核心在於通過物聯網（IoT）與區塊鏈

技術，實現種植數據的全鏈路採集與資產化。在技術架構上，項目包含兩個個關鍵環節：

（1）全鏈數據採集與存證

項目在葡萄種植基地部署 IoT 設備，即時監測土壤濕度、光照強度、溫度、農藥使用量等關鍵參數。例如，感測器每小時記錄一次土壤 pH 值和含水量，並通過 5G 網絡上傳至區塊鏈節點。這些數據經哈希加密後存儲在「浦江數鏈」聯盟鏈上，形成不可篡改的「數碼孿生」檔案。消費者掃描包裝上的二維碼，即可查看葡萄從種植到採摘的完整生產過程，驗證其地理標誌認證的真實性。

（2）雙軌融資設計

項目採用股權融資與數碼資產發行並行的模式：

股權融資：左岸芯慧通過上海股權託管交易中心完成 1000 萬元融資，資金主要用於智慧農業基礎設施建設，包括智能灌溉系統、環境監測站及數據中臺開發。

數碼資產發行：項目發行 2024 個 NFT（非同質化代幣），對應葡萄提貨權。其中，基礎款 NFT（1924 個）綁定「陽光玫瑰」兩斤提貨卡，稀缺款 NFT（100 個）則附帶「妮娜皇后」葡萄提貨卡及馬陸公園門票。這些 NFT 通過上海數據交易所進行人民幣計價交易，投資者可通過區塊鏈錢包購買並持有，到期後憑 NFT 兌換實體葡萄。

8.1.2. 合規設計的突破

為規避監管風險，項目在資產設計上採取「去幣化」策略：

權益分層：NFT 僅綁定實物提貨權，不涉及金融收益權。例如，投資者購買 NFT 後，僅能兌換指定數量的葡萄，不能參與利潤分紅或二級市場交易。

資金閉環管理：融資款項由持牌銀行（如上海銀行）託管，數碼資產收益與實體銷售掛鉤。例如，NFT 持有者兌換葡萄時，資金直接從銀行託管帳戶劃轉至農戶帳戶，避免資金挪用。

合規審計：項目引入律師事務所（如曼昆律師事務所）對智能合約進行法律審查，並通過上海數據交易所的「數據資產殼 DAS」服務體系完成數據合規性認定，確保資產上鏈符合《數據安全法》和《區塊鏈信息服務管理規定》。

「去幣化」策略的具體描述及示例

策略	具體描述	示例
權益分層	NFT 僅綁定實物提貨權，不涉及金融收益權	投資者購買 NFT 後，僅能兌換指定數量的葡萄，不能參與利潤分紅或二級市場交易
資金閉環管理	融資款項由持牌銀行託管，數碼資產收益與實體銷售掛鉤	NFT 持有者兌換葡萄時，資金直接從銀行託管帳戶劃轉至農戶帳戶，避免資金挪用
合規審計	項目引入律師事務所對智能合約進行法律審查，並通過數據交易所的服務體系完成數據合規性認定	引入曼昆律師事務所，並通過上海數據交易所的「數據資產殼 DAS」服務體系，確保資產上鏈符合《數據安全法》和《區塊鏈信息服務管理規定》

8.1.3. 價值釋放與行業影響

「馬陸葡萄 RWA」項目的價值體現在三個方面：

① 品牌價值提升：區塊鏈溯源技術增強了消費者對葡萄品質的信

任，推動品牌價值顯著提升。例如，某批次「陽光玫瑰」葡萄因數據顯示農藥使用量低於行業標準，市場接受度提高，實現了較傳統渠道更高的售價。

② 供應鏈效率優化：區塊鏈技術記錄從種植到物流的全流程數據，優化訂單處理與物流匹配效率。例如，通過數據分析調整灌溉頻率，實現節水率提升；物流環節則通過智能合約自動匹配最優路線，降低運營成本。

③ 農業數碼化轉型：項目推動馬陸葡萄產業從經驗種植轉向數據驅動的精準管理。例如，土壤濕度數據指導農戶科學灌溉，提升資源利用效率。這種模式為農業企業提供了低成本的數碼化轉型方案，同時為中小農戶接入現代金融體系提供技術支撐。

在行業影響上來看，從馬陸葡萄的案例中，可以得出三大啟示。

① 數據確權是前提：必須通過 IoT+ 區塊鏈實現數據的不可篡改性，例如馬陸葡萄項目中感測器數據與區塊鏈存證的結合。

② 權益分層是關鍵：區分所有權與使用權，例如 NFT 僅綁定提貨權而非收益權，避免觸及金融監管紅線。

③ 合規設計是底線：需對接持牌交易所（如上海數據交易所）和持牌銀行，確保資金閉環管理。

「馬陸葡萄」模式可推廣至茶葉、中藥材等地理標誌產品。例如，雲南普洱茶可通過區塊鏈記錄茶葉生長環境、採摘批次及加工工藝，發行 NFT 綁定提貨權，並通過股權融資建設智能茶園。這種「數據資產殼 + 實物通證」模式，既能提升品牌溢價，又能為農業企業提供低成本融資渠道。

8.2. 中糧集團巴西大豆供應鏈的創新實踐

在全球大宗商品貿易中，供應鏈金融的透明度和融資效率始終是核心挑戰。2024 年，中糧集團聯合巴西農業合作社，將區塊鏈技術應用於跨境大豆供應鏈，實現從種植、加工到海運的全流程溯源，並通過倉單質押為中小農場主提供低成本融資。這一案例驗證了聯盟鏈、預言機與金融工具在大宗商品融資中的協同價值。

8.2.1. 技術實現：全鏈條數據溯源

中糧集團的巴西大豆供應鏈項目基於混合區塊鏈架構，整合瑞士 Covantis 平台與國內「浦江數鏈」存證系統，構建覆蓋種植、加工、物流的全鏈條數據記錄體系：

（1）原產地存證

巴西農場主通過移動應用上傳土壤檢測報告、農藥使用記錄及收穫時間至區塊鏈。例如，2024 年 8 月，巴西帕拉州的農場主提交土壤氮磷鉀含量數據，並經第三方機構（如 SGS）驗證後上鏈，確保數據真實性。

（2）物流監控

中糧部署智能糧倉與物聯網設備，監控大豆含水率（精度達 13.5%），並同步數據至區塊鏈。例如，2025 年 3 月，某批次大豆運輸過程中因溫濕度異常觸發警報，系統自動向中糧發送預警信息，避免貨物變質。

（3）消費者賦能

國內用戶掃描大豆包裝上的二維碼，可查看種植日期、海運軌跡及質檢報告。例如，某批次大豆的區塊鏈溯源數據顯示其運輸溫度始終控制在 15-20℃，增強消費者對產品品質的信任。

8.2.2. 倉單質押融資的創新

中糧集團通過智能合約與金融工具優化巴西農場主的融資流程。

一是動態質押率調整，智能合約根據市場價格波動（依賴第三方數據源）自動調整質押率。例如，當大豆價格下跌至每噸 400 美元時，質押率從 70% 自動下調至 60%，降低融資成本。

二是風險對沖機制，項目引入銀行託管資金閉環與第三方保險（如與 Nationwide 合作），當價格波動超 15% 時觸發補倉或清算。例如，2025 年 2 月，某農場主因價格波動需追加保證金，系統自動從銀行借貸渠道完成補倉，避免違約風險。

三是融資成本優化，通過區塊鏈溯源提升信用評級，巴西農場主的融資利率從傳統渠道的 12% 降至 6%-7%，放款時間從 30 天縮短至 7-10 天。例如，2024 年 12 月，巴西米納斯州的農場主通過中糧平台獲得 30 萬美元貸款，利率為 5.8%，用於購置新收割機。

8.2.3. 成果與行業影響

防偽價值：區塊鏈杜絕倉單重複質押。區塊鏈溯源使巴西大豆供應鏈可追溯率達 100%，倉單重複質押風險大幅降低。中糧集團的倉單在跨境貿易平台年流轉次數達 8.7 次，較傳統紙質倉單提升 300%。

綠色金融拓展：碳足跡數據上鏈後，中糧集團獲得銀行綠色信貸額度。例如，巴西農場主通過提交減碳數據，獲得蒙牛集團與中糧國際合作的專項貸款，利率優惠 1.5%。

跨境貿易效率提升：區塊鏈技術縮短交易週期，中糧與巴西農場主的交易週期從平均 45 天縮短至 30 天，資金周轉效率提升約 33%。

8.2.4. 挑戰與未來展望

儘管中糧模式展現出變革潛力，仍需面對三重挑戰：

技術整合複雜性：跨國供應鏈需相容多國標準與數據格式，技術部署成本較高；

監管差異：跨境貿易需協調不同國家的法律與稅務要求；

市場波動風險：大宗商品價格易受國際市場影響，質押資產價值需動態監測。

中糧的實踐證明，區塊鏈技術不僅能提升供應鏈透明度，更可能重塑大宗商品融資模式。未來，隨着技術標準與監管框架的完善，區塊鏈有望成為全球農業貿易的基礎設施。

第九章
黃金與藝術品 RWA

9.1. 滙豐銀行黃金代幣化的投資革命

2024 年 3 月，滙豐銀行推出全球首個面向零售投資者的黃金代幣化產品——「滙豐黃金代幣」（HSBC Gold Token），這一創新標誌着黃金投資從「百萬級門檻」邁向「全民參與」的時代。該項目通過區塊鏈技術將倫敦金庫中的實體黃金分割為最小單位 0.001 盎司（約 0.3 克），並以數碼代幣形式在鏈上流通，徹底顛覆了傳統黃金投資的規則。

9.1.1. 技術架構與創新

滙豐黃金代幣的核心在於其「資產錨定 + 混合區塊鏈架構」的設計。每枚代幣對應倫敦金銀市場協會（LBMA）認證的實體黃金，存放在 Brinks 等頂級保險庫中。通過物聯網（IoT）設備即時監控金庫的温濕度及金條編號，確保鏈上代幣與實物黃金 1:1 錨定。例如，2025 年 2 月，滙豐金庫的感測器檢測到某批金條温度異常，系統自動觸發警報並凍結對應代幣交易，避免資產損失。

技術實現方面，黃金的鑄造與管理基於滙豐的 Orion 數碼資產平台（私有鏈），通過分佈式帳本技術（DLT）實現資產確權，該平台支持即時資產追蹤與審計，確保透明性與安全性。

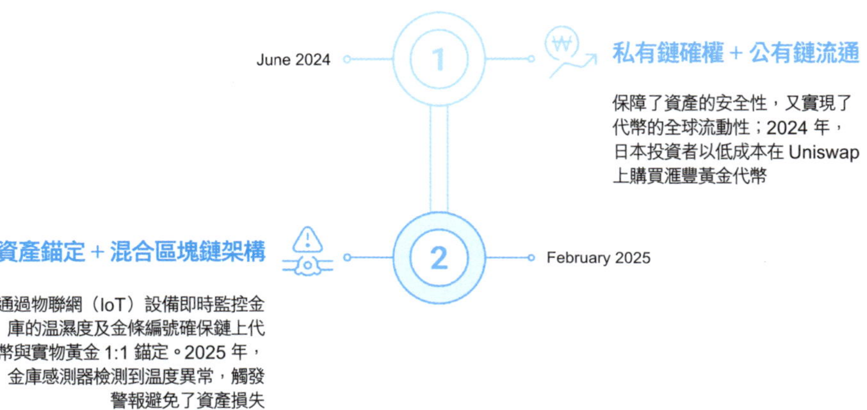

9.1.2. 合規與用戶體驗升級

滙豐黃金代幣的合規性是其成功的關鍵。產品與高盛等傳統投行合作，建立做市商網絡，將買賣價差壓縮至 0.5% 以下（常規交易時段），遠低於實物理黃金交易的 2%-5%。同時，滙豐引入監管沙盒機制，每月披露黃金儲備審計報告，並通過鏈上反洗錢監控（AML）綁定 KYC 身份，確保交易合規。

在用戶體驗上，滙豐推出手機 App，支持信用卡即時支付（集成 PayPal），用戶可隨時贖回現金。例如，2024 年 12 月，一名香港用戶通過 App 購買 300 元人民幣的黃金代幣，全程耗時不足 5 分鐘。需注意的是，代幣不支持實物黃金提取，投資者僅持有黃金所有權記錄。

9.1.3. 市場影響與行業啟示

滙豐黃金代幣的推出迅速吸引了全球散戶投資者。截至 2024 年底，香港零售投資者數量顯著增長，代幣持有總量達數億美元，其中大量為首次接觸黃金投資的「Z 世代」。這一現象標誌着黃金投資從「精英專屬」轉向「全民參與」。例如，一名日本大學生用兼職收入購買 500 美元黃金代幣，通過傳統金融市場獲得穩定收益。

核心價值在於「投資門檻從萬元級降至百元級」。傳統黃金投資通常需 1 盎司（約 3 萬元人民幣）起投，而代幣化使最小單位降至 0.001 盎司（約 100 元人民幣），讓普通人也能參與硬通貨投資。例如，一名中國家庭主婦用 300 元購買黃金代幣，通過金融市場實現資產增值。這種「金融民主化」不僅擴大了黃金市場的投資者基礎，還推動了全球財富的公平分配。

滙豐的實踐證明，區塊鏈技術不僅能提升資產流動性，更可能重構貴金屬投資的規則。未來，隨着技術標準與監管框架的不斷完善，黃金代幣有望成為全球金融基礎設施的重要組成部分。

9.2. Sygnum 銀行畢加索畫作代幣化的新範式

如果說黃金代幣化解決了流動性問題，那麼藝術品 NFT 化則重新定義了資產的所有權與收益模式。2021 年，瑞士 Sygnum 銀行將畢加索的《Fillette au b é ret》（戴貝雷帽的女孩）畫作拆分為 4,000 枚 NFT（每枚對應 0.025% 所有權），以每個 1,000 瑞士法郎（1,040 美元）的價格出售給 50 多名投資者。在這過程中，Sygnum 催生了一種被稱為藝術證券代幣 （AST） 的新投資類型，將區塊鏈技術與瑞士先進的數碼證券的法律確定性相結合。開創了藝術品碎片化投資的先河。這一案例不僅驗證了 NFT 在藝術品領域的潛力，還為全球藝術市場提供了可複製的範式。

AST ≠ NFT

NFT（非同質化代幣）是一種基於區塊鏈的資產類別，在過去幾年裏席捲了藝術界。世界各地的藝術家都可以以 NFT 的形式出售他們的作品，但有兩個關鍵區別。

首先，根據定義，NFT 是不可替代的，這意味着無論 NFT 代表什麼（猿猴的圖畫；或籃球運動員的視頻；或有史以來第一條推文）——其相關的數碼形式都是獨一無二的，在宇宙中任何地方都沒有同類。比如説，即使一位藝術家鑄造了 100 張表面完全相同的圖像 NFT，但這些 NFT 中的每一個都將在區塊鏈上具有唯一的身份，將其與其他 99 個副本區分開來。

然而，對於 AST 則不能這樣説，與加密貨幣的性質相同，AST 是可替代的（或可互換的），你手裏的一個比特幣和我手裏的比特幣沒有本質上的區別，正是這種可替代性使 AST 適合部分所有權。

其次，更重要的是，NFT 目前在法律上是一種不成熟的資產類別，在大多數情況下不會賦予標的資產所有權。2021 年，勒布朗· 詹姆斯扣籃集錦片段視頻的 NFT 被賣出了高達 387,600 美元，然而買下它的人並不真正擁有該視頻：他們不擁有對該視頻的版權，也無法阻止美國國家籃球協會 （NBA） 隨意使用該視頻，更也無法阻止其他人使用該視頻發行其他的 NFT。

這不是 AST 的運作方式。瑞士新通過的分佈式帳本技術 （DLT） 法案——實際上是對十項單獨法律的一攬子修正案——維護基於 DLT 的證券或基於區塊鏈的金融工具的法律地位。

「你不再需要為標的資產發行傳統意義上的證券，然後再發行與該證券相關的代幣，」Sygnum 業務部門負責人 Thomas Eichenberger 在接受採訪時解釋道，「現在你可以直接發行作為證券的代幣。」

「我們真的對畢加索的作品本身進行了代幣化，我們發行了代表這幅畫直接所有權的代幣。所以我們基本上完全消除了特殊目的機構（SPV）的這一步，這使 AST 變得更加強大。不僅在降低成本方面——因為您不再需要為 SPV 付費——而且還有在所有權方面。[當你投資 AST 時] 你真的擁有這幅畫，而不是空殼。」

瑞士通過的這項法案是突破性的。與以前所有形式的部分所有權不同，AST 具有法律確定性，無需第三方的維護，Sygnum 為《Fillette au béret》發行的 4,000 個代幣真正可以代表這件藝術品，由於區塊鏈驅動的不可變數據，這些代幣被瑞士法院認為是藝術品的合法部分。

對於像 AST 這樣難以理解的概念，需要一些時間才能充分瞭解它們對現實世界的影響。Sygnum 的聯合創始人兼集團首席執行官 Mathias Imbach 很快就提出了一個新說法——儘管同時援引了更多的金融術語。

「它顯著地簡化了證券轉讓的過程，」他指出。「假設你購買了兩個畢加索原畫代幣：你點擊它就會發生，通過原子交換機制可以立即付款和交付。從那一刻起，你就有了在法律上對這幅畫的合法經濟權利。」

AST 不僅使事情變得更快、更便宜和更簡單，還為更強大的二級市場打開了大門。因此，《Fillette au béret》 代幣的所有者可以登錄 Sygnum 的交易平台 SygnEx，隨時列出他們持有的代幣進行銷售。最近的一次交易發生在 4 月 1 日，一個代幣以 1,100 瑞士法郎的價格易手，這意味着這幅畫的價值在過去六個月中升值了約 1%（原始投資者在浮動價格之上支付了 8.9% 的費用以支付實物監護和保險費用）。

迄今為止，Sygnum 已成功發行並售出兩個 AST：《Fillette au b é ret》 和 CryptoPunk #6808，後者是一個流行的 NFT 系列中的一個。該銀行還代幣化了一種珍貴的葡萄酒，Grand Vin de Château Latour 2012。此外，它目前正在與瑞士藝術家 David Pflugi 合作，將 David 的足球雕塑藝術品代幣化。根據 Eichenberger 的說法，一件與畢加索「風格和時代不同」的頂級藝術品也正在籌備中。

在正常情況下，這些藝術品都不會成為普通人的投資組合。即使是一個擁有 1000 萬美元淨資產的非常富有的人，也不太可能將其 40% 投入到一幅畫中。然而，當你在具有即時結算的平台上數碼化和劃分所有權時，所有這些都會發生變化，從而使投資者能夠接觸到他們無法直接購買的資產——而且他們在時機成熟時也很容易出售。

更重要的是，不僅僅是收藏家可以從這項技術中受益。代幣持有者可享受轉售利潤的 10% 按比例分配。2023 年項目結束時，畫作整體出售，代幣按比例贖回資金，智能合約自動分配收益，年化收益率約為 15%。

代幣化顯著降低了投資門檻，首次認購門檻為 5,000 瑞士法郎（約 5,500 美元），後調整為最低 1,000 瑞士法郎（約 1,100 美元）。相比傳統藝術品交易週期（通常 18 個月），代幣化使交易週期大幅縮短。

Sygnum 銀行引入傳統保險機構為畫作提供 2.8 億美元保單。物聯網畫框即時監測異常震動，若檢測到火災或撞擊，智能合約立即凍結代幣交易並啟動保險理賠。

該項目驗證了藝術品所有權碎片化的可行性，吸引了全球 60 多名投資者參與，以機構和高淨值客戶為主。儘管未實現「大眾化」願景，但其合規性和技術突破為藝術市場提供了可複製的範式。

第四篇：

全球合規
與風險管理

第十章 法律版圖：從香港證監會到歐盟 MiCA 法案

10.1. 香港 Ensemble 計劃：代幣化金融的試驗場與制度創新

2024 年 3 月，香港金融管理局（HKMA）啟動的 Ensemble 計劃，標誌着全球金融基設施邁入了一個全新的時代。作為首個以批發型央行數碼貨幣（wCBDC）為核心的數碼金融項目，Ensemble 不僅構建了連接傳統金融與代幣化資產的「合規高速公路」，還為全球金融體系的數碼化轉型提供了可複製的範式。另外，2025 年 5 月 30 日，中國香港特別行政區政府在憲報上刊登了《穩定幣條例》，該條例成為亞洲首部系統性規範法幣穩定幣的監管法律，並于 2025 年 8 月 1 日正式開始实施。這些計划与條例的核心目的在於通過區塊鏈技術實現資產權、交易結算與監管合規的深度融合，同時推動港元穩定幣在未來成為 RWA 交易的法定結算工具。

10.1.1. 背景與核心架構

Ensemble 項目的誕生，源於香港作為國際金融中心對數碼化轉型的迫切需求。自 2023 年起，香港金管局已啟動「數碼港元」項目，並參與國際清算銀行（BIS）主導的多邊央行數碼貨幣橋（mBridge）實驗，積累了代幣化貨幣的技術儲備。然而，傳統金融資產（如債券、基金、房地產）的代幣化仍面臨流動性低、交易成本高、法律確權模糊等結構性難題。Ensemble 沙盒的推出，正是為了解決這些問題，通過「安全測試區」的模式，允許金融機構與科技公司在受控環境中驗證代幣化資產的交易邏輯、技術互通性及監管適配性。

Ensemble 的核心目標並非顛覆現有金融體系，而是通過「小步快跑」的漸進式創新，探索代幣化資產如何與傳統金融基礎設施融合。例如，其初期聚焦的四大主題——固定收益與投資基金、流動性管理、綠色金融、貿易與供應鏈融資——均是當前金融市場中痛點突出的領域。通過將這些資產轉化為區塊鏈上的數碼代幣，Ensemble 試圖實現「即時結算」「降低中介成本」「提升透明度」等目標，同時為監管機構積累可複製的政策經驗。

Ensemble 沙盒的技術設計體現了「混合型基礎設施」的特點。其底層依賴批發層面的央行數碼貨幣（wCBDC），即通過實驗性代幣化貨幣促進銀行同業結算。具體而言，參與機構需將其代幣化存款平台接入沙盒，利用 wCBDC 作為「橋樑」，完成代幣化資產與代幣化貨幣之間的交割。例如，在貿易融資場景中，出口商的應收賬款可被拆分為代幣，由買方通過 wCBDC 即時支付，從而實現「貨銀兩訖」的同步結算。

值得注意的是，Ensemble 並非單純的技術試驗，更是一場關於金融基礎設施再造的制度探索。金管局通過成立「Ensemble 項目架構工作小組」，集合了跨國銀行（如滙豐、恒生）、科技公司（如螞蟻數科、微軟）、以及 CBDC 專家，共同制定代幣化資產的行業標準。這種「產學研」協同模式，既確保了技術方案的可行性，也為未來監管規則的出臺提供了實證依據。

Ensemble 的技術架構被稱為「兩鏈一橋」，其核心在於通過區塊鏈技術實現資產鏈與交易鏈的分離，並通過跨鏈橋解決鏈間數據互通問題。

資產鏈：用於實體資產（如新能源電站、債券）的鏈上確權存證。例如，朗新科技與螞蟻數科合作的充電樁 RWA 項目，通過資產鏈記錄充電樁的物理位置、發電量及維護記錄，並由第三方持牌機構節點驗證數據真實性。這種設計確保了資產的不可篡改性，同時為投資者提供透明的資產溯源信息。

交易鏈：支持港元穩定幣（如京東穩定幣 JD-HKD）與代幣化資產的跨境交易。交易鏈採用高性能分佈式帳本技術，支持十萬級 TPS（每秒交易量）。例如，2024 年 7 月京東穩定幣入選香港金管局穩定幣沙盒測試，用戶可通過交易鏈購買代幣化充電樁權益，實現秒級交易上鏈。

跨鏈橋：採用可信跨鏈橋技術（非零知識證明），實現資產鏈與交易鏈的數據一致性，可生成符合香港證監會（SFC）標準的可審計報告。

Ensemble 技術架構不同組成部分的描述、案例及特點

組成部分	描述	應用案例	技術特點 / 合作方
資產鏈	用於實體資產（如新能源電站、債券）的鏈上確權存證	朗新科技與螞蟻數科合作的充電樁 RWA 項目	記錄充電樁物理位置、發電量及維護記錄；第三方持牌機構節點驗證數據真實性；確保資產不可篡改性；為投資者提供透明資產溯源信息
交易鏈	支持港元穩定幣（如京東穩定幣 JD-HKD）與代幣化資產的跨境交易	2024 年 7 月京東穩定幣上線後的應用	採用高性能分佈式帳本技術；支持十萬級 TPS（每秒交易量）；用戶可通過交易鏈購買代幣化充電樁權益，實現秒級交易上鏈

跨鏈橋	實現資產鏈與交易鏈的數據一致性	生成符合香港證監會（SFC）標準的可審計報告	採用可信跨鏈橋技術（非零知識證明）；生成符合香港證監會（SFC）標準的可審計報告

10.1.2. Ensemble 的應用場景與行業影響

在 Ensemble 的首階段試驗中，四大主題的應用場景已初現雛形：

固定收益與投資基金：通過代幣化債券或基金份額，投資者可按需購買最小單位的資產，從而降低投資門檻。例如，一只價值 100 萬美元的綠色債券可被拆分為 100 萬枚代幣，每枚對應 1 美元的債權。這種碎片化設計不僅擴大了投資者羣體，還通過智能合約自動執行利息分配，減少了人工操作失誤的風險。

流動性管理：代幣化資產的即時交易能力，使得銀行能夠更靈活地應對資金需求。例如，在流動性緊張時，銀行可通過抵押代幣化房地產資產（如商業地產）快速獲得貸款，而無需依賴傳統質押流程。

綠色與可持續金融：Ensemble 支持代幣化綠色債券、自願減排量（VCS）等環境資產的發行與交易。例如，一家新能源企業可通過代幣化其光伏電站的發電收益權，吸引全球投資者參與低碳項目融資。

貿易與供應鏈融資：通過代幣化電子提單或應收賬款，中小企業可獲得更便捷的融資渠道。例如，一家中國出口商的訂單可被代幣化後，在 Ensemble 沙盒中直接出售給國際買家，無需通過複雜的信用證明流程。

這些應用場景的實踐，不僅驗證了代幣化資產在效率提升方面的潛力，也揭示了其對傳統金融生態的潛在衝擊。例如，當貿易融資的代幣化成本從傳統模式的 5% 降至 0.5% 時，中小企業的融資可得性將顯著提高，但這也可能削弱傳統銀行在中介服務中的利潤空間。

10.1.3. Ensemble 計劃與京東穩定幣

在 Ensemble 項目沙盒的「固定收益與投資基金」主題下，京東穩定幣（JD-HKD）的實踐為代幣化資產的流動性難題提供了現實答案。京東穩定幣作為與港元 1:1 錨定的法幣穩定幣，其底層邏輯與 Ensemble 的「混合型基礎設施」高度契合——通過將傳統法幣資產轉化為區塊鏈上的數碼憑證，京東穩定幣不僅實現了跨境支付的即時結算，還為代幣化資產的交易效率與合規性樹立了標杆。

京東穩定幣（JD-HKD）基於以太坊公鏈發行，錨定港元 1:1，通過沙盒測試驗證了跨境支付的效率提升。傳統 SWIFT 跨境交易需 3-5 天，手續費約 2%，而 JD-HKD 可實現分鐘級結算，手續費降至 0.3%。其儲備金由渣打銀行等持牌機構託管，並接受德勤按月審計，確保透明性。當前，JD-HKD 處於香港金管局的「穩定幣發行人沙盒」測試階段，尚未開放去中心化交易所（如 Uniswap）流動性。

此外，京東供應鏈金融已推出「京小貸」等無抵押融資產品，依託歷史採購數據生成信用憑證，通過智能合約實現快速放款。

京東穩定幣在 Ensemble 中的實踐，揭示了代幣化金融的三大核心價值：

效率革命：通過將法幣資產代幣化，京東穩定幣將跨境支付成本從傳統模式的 3%-6% 降至接近零，並將結算時間從數天縮短至數分鏈，直接重構了全球貿易的底層邏輯。

合規創新：京東穩定幣的 100% 現金儲備機制與 Ensemble 沙盒的監管框架相結合，證明了「技術合規化」與「監管技術化」的可行性。例如，Ensemble 要求代幣化資產的審計報告需即時上鏈，而京東穩定幣的儲備審計由渣打銀行獨立執行，確保數據透明性。

生態協同：京東穩定幣並非孤立存在，而是與京東供應鏈金融、Web3 生態深度聯動。例如，Ensemble 沙盒中的碳資產代幣化項目，實際上依託京東的電商數據與物流網絡進行資產確權，而融資方則通過京東金融平台觸達中小投資者——這種「技術 - 商業 - 金融」的三角協同，正是 Ensemble 計劃試圖驗證的未來金融形態。

10.1.4. Ensemble 的挑戰與爭議

儘管 Ensemble 計劃被視為「金融民主化的里程碑」，但其發展仍面臨多重挑戰：

監管協調難題：代幣化資產的跨境交易涉及多國法律體系的衝突。例如，若一枚代幣代表的資產位於中國內地，而投資者來自新加坡，如何確定適用的稅法與監管規則？ Ensemble 雖通過「司法管轄區智能切換」技術嘗試解決這一問題，但實際操作中仍需依賴國際合作。

技術風險與隱私保護：區塊鏈的透明性雖能提升信任，但也可能暴露敏感商業數據。例如，在供應鏈融資中，代幣化電子提單的公開記錄可能被競爭對手分析，從而獲取定價策略。此外，量子計算等新興技術的威脅，也可能對現有加密算法構成挑戰。

市場接受度的不確定性：代幣化資產的流動性依賴於二級市場的活躍度。然而，目前 Ensemble 沙盒的參與者仍以機構投資者為主，散戶的參與門檻（如最低投資金額）限制了其「普惠性」。若無法吸引足夠多的交易者，代幣化資產可能陷入「流動性陷阱」。

10.1.5. Ensemble 的深層意義與未來展望

Ensemble 計劃的深遠意義，不僅在於技術或商業層面的創新，更在於其對全球金融治理模式的啟示。它證明了監管沙盒作為「創新試驗田」的有效性——通過在可控範圍內試錯，監管者既能避免「一刀切」的壓制性政策，又能為行業積累可複製的經驗。這種「監管先行」的模式，或將為歐盟 MiCA 法案、美國 SEC 的 DeFi 監管框架提供參考。

未來，Ensemble 的演進方向可能呈現兩大趨勢：

從「試驗」走向「規模化」：隨着沙盒內代幣化資產的成熟，金管局或會逐步放寬准入門檻，吸引更多中小金融機構與個人投資者參與。屆時，Ensemble 可能成為亞洲首個代幣化資產交易所，與納斯達克、港交所形成差異化競爭。

從「單一市場」邁向「全球協作」：Ensemble 的長期目標是構建一個跨鏈、跨司法轄區的代幣化資產交易平台。這需要與 BIS 的 mBridge 項目、歐盟的數碼歐元計劃等形成協同效應，最終實現「全球資產，一鍵流通」的願景。

Ensemble 計劃的本質，是一場關於「信任重構」的實驗。它試圖通過區塊鏈技術，將傳統金融中依賴中介機構的信任機制，轉化為代碼與算法的信任邏輯。然而，技術的顛覆性力量始終需要與法律、倫理、社會價值觀的演進相匹配。Ensemble 的成功與否，不僅取決於其能否解決流動性與效率問題，更在於它是否能為全球金融體系提供一個「包容性創新」的範本——在保護投資者權益的同時，釋放技術的潛能。

當 Ensemble 的代幣化資產在 2030 年達到數萬億美元規模時，或許我們會發現，這場始於香港的試驗，早已悄然改寫了全球金融的版圖。

10.2. 美國 Howey Test 判例：證券屬性的邊界與豁免條款

美國證券交易委員會（SEC）對加密資產的監管框架，長期以來圍繞「證券屬性」的界定展開。自 1946 年 Howey Test（豪伊測試）確立以來，SEC 通過「金錢投資」「共同企業」「利潤預期」和「依賴他人努力」四大要素，持續擴大證券監管的邊界。然而，2024 年 SEC 訴 Ripple 案的判決，首次通過「交易場景區分原則」對 Howey Test 的適用範圍進行了重要修正，標誌着美國加密資產監管從「技術屬性一刀切」向「場景化監管」轉變。這一判例不僅重塑了代幣項目的合規邏輯，也為全球 RWA（現實世界資產）通證化的法律框架提供了關鍵參考。

10.2.1. Howey Test 的法律框架與 SEC 的監管擴張

美國證券交易委員會（SEC）長期以來通過 Howey Test（豪伊測試）界定加密資產的證券屬性。該測試以「金錢投資」「共同企業」「利潤預期」和「依賴他人努力」四要素為核心，導致大量代幣被歸類為證券。例如，2017 年 The DAO 事件中，SEC 認定其代幣為證券，並據此起訴項目方；2020 年，SEC 進一步提出「實用型代幣」（Utility Token）也可能具備證券屬性，只要其發行過程中存在「利潤預期」或「依賴他人努力」。這種擴張性解釋一度引發行業爭議，認為 SEC 過度干預技術創新，阻礙了區塊鏈項目的合規發展。

2023 年 7 月 13 日，SEC 訴 Ripple 案的判決成為轉捩點。法院引入「交易場景區分原則」，明確區分機構銷售與公開市場交易。

- 機構銷售的證券屬性：Ripple 向機構投資者出售 XRP 被判定為證券，因其購買時依賴 Ripple 團隊的主動經營（如產品開發、市場推廣）。
- 公開市場交易的豁免：交易所二級市場的 XRP 交易因缺乏「依賴他人努力」的關聯性，未被視為證券。

這一判決打破了 SEC 一貫的「技術屬性一刀切」邏輯，轉而聚焦交易鏈條中的合同關係與場景細節，為代幣專案的合規設計提供了新的方向。

10.2.2. 豁免條款的實踐：Regulation A+ 與 DeFi 協議自治

在 Howey Test 的框架下，美國證券法為特定場景下的代幣發行提供了豁免條款，其中 Regulation A+（簡稱 Reg A+）和 DeFi 協議自治成為兩個典型案例。

（1）Regulation A+：小額發行豁免的突破

Regulation A+ 是《1933 年證券法》下的一項豁免條款，允許初創企業和小企業通過公開勸誘的形式進行最高 5000 萬美元的融資，並以 2000 萬美元為界限區分一級與二級發行。

① 信息披露要求：需提交 Form 1-A 檔，披露資產情況及風險因素等信息。

② 投資者限制：Tier 2 層級（2000 萬至 5000 萬美元）要求非認證投資者單次投資不超過 10 萬美元，而 Tier 1 層級（0 至

2000 萬美元）則無此限制。

③ 州備案豁免：Tier 2 豁免州級二次審核，加速市場准入。

Reg A+ 為 RWA 項目提供了合規化路徑，既滿足投資者需求，又降低了發行門檻，2019 年 Blockstack 通過 Reg A+ 融資 2800 萬美元，是這一豁免條款的典型案例。

（2）DeFi 協議自治：去中心化治理的法律挑戰

去中心化金融（DeFi）協議因缺乏中心化控制，可降低被認定為證券的風險。

① 無中心化團隊控制：Uniswap 的流動性池由智能合約自動運行，協議開發者未對資金池進行主動管理，因此不符合 Howey Test 中「依賴他人努力」的要素。

② 屏蔽美國 IP 訪問：部分協議通過技術手段限制美國用戶接入，以規避 SEC 管轄。

③ DAO 治理：移交治理權至社區，可削弱「依賴他人努力」的關聯性（如 Compound 協議曾調整治理結構）。

然而，2024 年 SEC 起訴 BarnBridge DAO 案顯示，若協議設計未完全去中心化，仍可能被視為未註冊證券而遭到處罰。

10.2.3. 判例啟示：代幣設計的合規路徑

SEC 訴 Ripple 案及 Reg A+、DeFi 案例的實踐，為代幣項目的合規設計提供了明確指引：

白皮書用途聲明：明確代幣功能（如支付工具），避免暗示投資回報率。

去中心化路徑：通過 DAO 治理、智能合約自動運行、多司法轄區部署降低證券風險。

合規融資渠道：優先選擇 Reg A+、Reg D（私募豁免）或股權眾籌等合規融資模式。

10.2.4. 行業影響與未來趨勢

SEC 訴 Ripple 案的判決對全球加密資產市場產生了深遠影響：

（1）監管模式的轉型

法院通過「交易場景區分原則」否定了 SEC 的「一刀切」執法邏輯，推動監管從「技術屬性定性」轉向「場景化監管」。這一轉變要求監管機構更關注交易鏈條中的合同關係與投資者行為，而非單純依賴技術特徵。

（2）全球監管競爭的加劇

隨着美國監管框架的調整，新加坡、歐盟等地區正加快制定 RWA 規則。例如，2024 年歐盟 MiCA 法案明確將代幣化資產納入監管範圍，要求項目方提供透明的儲備金審計報告。這種競爭促使各國在創新與合規之間尋找平衡，進一步推動全球金融體系的數碼化轉型。

（3）代幣化資產合規創新

房地產代幣化上，部分案例通過 Reg D（私募豁免）實現資產代幣化，如 LedgerFi 在 2024 年的房產融資項目。此外，還需持續平衡去中心化與合規需求，避免類似 BarnBridge 的監管風險。

美國 Howey Test 判例與豁免條款的實踐，揭示了加密資產監管的核心矛盾：既要防範金融風險，又要為技術創新留出空間。SEC 訴 Ripple 案的判決表明，監管框架必須適應去中心化技術的特性，通過場景化區分與豁免條款，實現合規與創新的共生。未來，隨着 Reg A+、DeFi 自治等模式的成熟，代幣項目有望在合規前提下探索更多 RWA 應用場景，為全球金融體系注入新的活力。

10.3. 阿聯酋 ADGM 監管框架：構建中東金融新樞紐的基石

在全球金融版圖中，阿聯酋的阿布扎比全球市場（ADGM）正以其獨特的監管框架和前瞻性政策，悄然重塑中東地區的金融生態。這座坐落於阿布扎比 Al Maryah 島上的金融自由區，不僅是阿聯酋經濟多元化戰略的重要支點，更是連接亞歐非三大洲的金融樞紐。ADGM 的監管框架，如同一座精密運轉的機器，其核心邏輯是通過制度設計、法律保障和技術創新，為金融機構、科技企業與投資者提供一個兼具穩定性與活力的生態系統。

10.3.1. ADGM 的監管架構：制度設計的「三駕馬車」

ADGM 的監管體系由三大核心機構共同構建：註冊局（RA）、金融服務監管局（FSRA）和 ADGM 法庭。這三者並非孤立運作，而是形成了一種動態平衡的關係，既分工明確，又相互制衡，共同維護市場的公平與效率。

註冊局（RA）是 ADGM 的「門戶」，負責企業註冊和合規管理。其線上註冊系統的平均處理時間僅為 3-5 天，這種高效的行政效率吸引了大量國際企業入駐。更值得注意的是，RA 在 2024 年完成了對 Al Reem 島的整合，將管轄範圍擴大至 1,100 家實體，這一舉措不僅強化了 ADGM 的區域協同能力，也為中小型企業提供了更低的准入門檻。例如，一家初創金融科技公司只需通過 RA 的線上平台提交材料，便能在數日內獲得營業執照，隨後即可在 ADGM 的監管框架下開展業務。這種「一站式服務」模式，極大地降低了企業的合規成本，成為 ADGM 吸引全球資本的重要優勢。

而金融服務監管局（FSRA）則是 ADGM 的「守門人」，其職責涵蓋虛擬資產、穩定幣、去中心化金融（DeFi）等新興領域的監管。2024 年，FSRA 發佈《反洗錢與制裁規則》，要求企業強化客戶身份識別（KYC）和交易監控，並引入「旅行規則」（Travel Rule），強制交易平台共用發送方與接收方的資訊。這一規則的實施，不僅提升了 ADGM 在反洗錢領域的國際聲譽，也為企業提供了更清晰的合規指引。例如，一家虛擬資產交易所若想在 ADGM 運營，必須部署先進的區塊鏈分析工具，即時追蹤資金流動路徑，確保每一筆交易都符合監管要求。

ADGM 法庭則扮演着「裁判」的角色，其獨立性和跨國執行力是 ADGM 司法體系的核心競爭力。2023 年，ADGM 推出了全球首個 DLT 基金會制度，允許去中心化自治組織（DAO）通過基金會結構註冊為法律實體。這一制度解決了 DAO 長期面臨的「法律身份缺失」問題，為區塊鏈項目提供了合規的生存空間。例如，知名 DeFi 協議 Aave 便通過這一制度在 ADGM 註冊，從而獲得了參與中東市場的合法資格。ADGM 法庭的法官團隊由來自英國、澳大利亞、新西蘭等普通法系國家的專家組成，他們的判決不僅依據國際通行的法律原則，還充分考慮了數碼時代的特殊性，例如智能合約的執行邏輯和分佈式帳本的法律屬性。這種司法實踐，使得 ADGM 成為全球爭議解決的優選地。

10.3.2. 加密資產與虛擬貨幣：在創新與風險之間尋找平衡

在加密資產領域，ADGM 的監管框架展現出了極強的適應性。2018 年發佈的《加密資產框架》是阿聯酋最早針對虛擬貨幣的監管檔之一，其核心理念是「包容性監管」——既鼓勵技術創新，又通過牌照制度和合規要求防範系統性風險。例如，虛擬資產交易所必須獲得 FSRA 的牌照，並繳納高額的初始費用（2 萬至 14.5 萬美元），而託管類牌照的費用相對較低（約 4 萬迪拉姆 /1.09 萬美元）。這種分級制度的設計，既為不同規模的企業提供了差異化服務，也確保了監管資源的有效分配。

穩定幣的監管是 ADGM 近年來的重點領域。2024 年，FSRA 通過第 7 號諮詢檔明確了法幣參考代幣（FRT）的定義，要求發行方必須是持牌銀行或受監管支付機構，並且儲備金需每日公開審計。這一規定直接回應了全球對穩定幣透明度的擔憂，例如 USDT 等主流穩定幣若要在 ADGM 跨境支付中使用，必須滿足嚴格的合規要求，而用於商品交易的限制則進一步降低了金融風險。此外，ADGM 還通過金融科技沙盒支持 RWA（現實世界資產）代幣化測試，例如房地產和供應鏈融資項目。這種「監管沙盒 + 創新實驗」的模式，為區塊鏈技術的實際應用提供了安全的試驗場。

對於 DeFi 和 DAOs 的監管，ADGM 採取了「技術驅動 + 法律適配」的策略。2023 年推出的 DLT 基金會制度，允許 DAO 通過基金會結構註冊為法律實體，這一創新直接解決了去中心化治理的法律難題。例如，某 DAO 項目若希望在中東市場推出借貸協議，必須提交治理代幣的經濟模型和智能合約的審計報告，確保其運作符合 ADGM 的合規要求。同時，FSRA 還通過 MTF（多邊交易設施）牌照制度，對涉及收益分配的 DeFi 協議進行證券屬性認定。例如 Compound 等協議若需在 ADGM 運營，必須申請相應的牌照，從而接受更嚴格的監管。這種「分類監管」的思路，既保護了投資者權益，又為技術創新預留了空間。

10.3.3. 可持續金融：從 ESG 到碳中和的生態構建

ADGM 的監管框架並非僅關注短期的經濟增長，更着眼於長期的可持續發展。2023 年，ADGM 推出了全球首個可持續金融監管框架，要求資產管理規模超 5 億美元的企業披露氣候風險，並為綠色基金和轉型金融項目提供認證。這一框架的實施，不僅加速了 ADGM 向淨零經濟的轉型，也吸引了國際 ESG 投資機構的入駐。例如，Vortex Energy IV 基金通過 ADGM 的綠色基金認證，成為中東地區首批獲得國際認可的可持續投資產品之一。

在碳信用交易領域，ADGM 計劃於 2026 年推出碳信用期貨交易，這一舉措將為高碳行業（如能源產業和製造業）提供減排激勵。例如，一家阿聯酋的石油公司若希望通過碳信用抵消其碳排放，可以在 ADGM 的交易平台購買經認證的碳信用額度，從而降低其環境足跡。這種「市場機制 + 政策引導」的模式，體現了 ADGM 在可持續金融領域的前瞻性。

此外，ADGM 還通過與滙豐、貝萊德等國際金融機構的合作，簽署了 160 份可持續金融宣言，共同推進阿聯酋 2050 年淨零目標。這些合作不僅提升了 ADGM 的國際影響力，也為中東地區的綠色金融發展提供了範本。

10.3.4. 面向未來的監管優勢：靈活性與全球視野

ADGM 的監管框架之所以能夠脫穎而出，關鍵在於其靈活性和全球視野。相比迪拜國際金融中心（DIFC）僅將 BTC 和 ETH 視為商品的狹隘立場，ADGM 對加密資產的分類更加開放；與迪拜虛擬資產監管局（VARA）的高門檻相比，ADGM 的牌照審批速度更快（平均 3-5 天），且無需實體辦公室；而與阿聯酋中央銀行（SCA）的高成本（53 萬迪拉姆起）相比，ADGM 的合規成本更具吸引力。這種差異化的定位，使得 ADGM 成為中小企業和創新項目的首選地。

展望未來，ADGM 的監管框架將繼續深化與國際市場的聯動。2025 年，ADGM 計劃與香港金管局簽署穩定幣監管備忘錄，推動跨境支付的標準化；同時，其測試中的 AI 監管工具將自動識別 DeFi 協議中的違規行為，例如流動性池操縱，從而提升監管的智能化水準。這些舉措不僅鞏固了 ADGM 作為中東金融樞紐的地位，也為全球金融監管的未來提供了新的可能性。

不同監管機構的監管特點與核心優勢

監管機構	監管特點	核心優勢
ADGM	柔性監管、沙盒機制、DAOs 合法化、穩定幣框架完善	創新友好，合規效率高
DIFC	嚴格分類虛擬資產（僅比特幣、以太坊等被認可），ITL 沙盒機制	傳統金融與 Web3 融合能力強
VARA	獨立監管虛擬資產，彈性分類（比特幣 = 商品，平台幣 = 證券）	發牌速度快，政策開放
SCA **聯邦法規**	全阿聯酋陸地適用，牌照費用高（5.3 萬至 50.5 萬迪拉姆），NFT 不受監管	適用於大型機構，但成本較高

10.3.5. 核心價值：從對抗式監管到共生式創新

ADGM 的監管框架，本質上是一場關於「規則與創新」的平衡實驗。它通過制度設計吸引資本，通過技術工具提升效率，通過國際合作擴大影響，最終在傳統金融與數碼金融之間架起了一座橋樑。然而，這一框架也面臨挑戰：例如，ADGM 的市場規模相對較小，法律和金融人才的儲備仍需加強；其次，加密資產的監管仍處於快速變化中，ADGM 需要持續調整政策以應對新興風險。

但無論如何，ADGM 的故事已經證明，一個成功的金融中心，不僅需要地理優勢和政策紅利，更需要一套能夠適應未來、擁抱變化的監管體系。

第十一章 風險對沖與危機預案

11.1. 智能合約漏洞：Poly Network 攻擊事件的技術反思

11.1.1. 事件背景與技術漏洞本質

2021 年 8 月 10 日，跨鏈協議 Poly Network 遭遇歷史上最大規模的駭客攻擊，駭客通過精心設計的智能合約漏洞，盜取約 6.1 億美元的加密資產。這一事件不僅暴露了跨鏈協議設計中的核心缺陷，也引發了全球區塊鏈行業對智能合約安全性的深刻反思。攻擊的核心在於許可權管理失控、跨鏈驗證失效以及異構鏈安全孤島三大技術漏洞，而這些漏洞的疊加效應最終導致了災難性後果。

許可權管理失控是此次事件的關鍵起因。Poly Network 在以太坊鏈上的核心合約 EthCrossChainManager 擁有修改驗證人（Keeper）公鑰的許可權，而這一許可權的管理存在嚴重缺陷。攻擊者通過利用合約代碼中的邏輯漏洞，繞過許可權校驗機制，篡改了 Keeper 的公鑰地址，從而獲得了對跨鏈橋的控制權。這一漏洞的根源在於代幣轉賬邏輯與許可權驗證模組未實現嚴格的隔離，導致攻擊者能夠通過構造特定交易路徑繞過安全檢查。

跨鏈驗證失效進一步放大了漏洞的影響。Poly Network 的跨鏈協議依賴於源鏈與目標鏈之間的區塊頭驗證機制，但源鏈（如本體鏈 Ontology）在跨鏈交易數據的語義檢查上存在盲區，僅驗證數據格式而未解析調用參數。目標鏈（如以太坊）的 Relayer 節點則僅依賴區塊頭驗證交易合法性，未對調用的合約地址及參數進行深度校驗。這種「形式驗證」而非「內容驗證」的設計，使得攻擊者能夠構造包含惡意參數的跨鏈交易，並通過偽造的 Keeper 簽名繞過驗證流程，最終實現資產的非法轉移。

異構鏈安全孤島問題揭示了跨鏈協議系統性風險的傳導路徑。Poly Network 在以太坊、幣安智能鏈（BSC）和 Polygon 三鏈上部署的智能合約代碼高度複用，但各鏈的安全策略未同步更新。例如，BSC 鏈上的跨鏈橋在後續升級中因未及時修復相似漏洞，導致局部風險擴散。這一現象表明，跨鏈協議的代碼複用雖提升了開發效率，卻因各鏈安全策略的不一致性，形成了「漏洞共用、風險擴散」的安全孤島效應。

11.1.2. 技術啟示：從漏洞到防禦範式升級

Poly Network 事件為整個行業敲響了警鐘，促使開發者從權限隔離、形式化驗證和跨鏈互操作安全框架三個維度重構智能合約的安全邏輯。

許可權隔離原則成為行業共識。針對許可權管理失控的問題，開發者提出「最小許可權原則」與「多簽機制」的結合方案。例如，關鍵函數（如 Keeper 公鑰修改）需設置多重簽名（Multi-Sig）授權，並結合時間鎖（Time Lock）與治理投票（Governance Vote）機制，確保任何許可權變更必須經過社區共識。以 Poly Network 後續升級為例，其 Keeper 管理模組引入了 DAO 治理投票流程，任何公鑰修改需獲得 70% 以上節點投票通過，且需等待 24 小時冷卻期，有效避免了單點失效風險。

形式化驗證的普及標誌着智能合約安全從「經驗防禦」向「數學證明」轉變。行業推動越來越多的 DeFi 項目引入形式化驗證工具（如 CertiK、Runtime Verification）。形式化驗證通過數學邏輯證明代碼的正確性，確保所有執行路徑均符合預期行為。例如，Uniswap V3 在後續版本中採用形式化驗證服務，對流動性池算法進行了全路徑覆蓋測試，顯著降低了整數溢出、重入攻擊等常見漏洞的發生概率。

跨鏈互操作安全框架的創新則聚焦於攻擊面的壓縮與驗證邏輯的強化。行業提出多種跨鏈驗證模型，例如要求源鏈在跨鏈交易發起時進行語義檢查（如驗證調用合約地址是否在白名單內），跨鏈橋對交易參數進行邏輯過濾（如校驗簽名合法性），目標鏈則通過參數白名單限制可執行的操作類型。這一框架顯著提升了跨鏈交易的安全性，例如某跨鏈橋在升級後，異常交易檢測回應時間從分鐘級縮短至秒級，有效攔截了潛在攻擊。

11.1.3. 案例啟示：漏洞經濟與動態防禦的進化

Poly Network 事件不僅推動了技術防禦的升級，也催生了漏洞經濟與動態防禦機制的行業實踐。

漏洞獎金常態化成為項目方與安全社區合作的新範式。事件後，Poly Network 與攻擊者達成協議，攻擊者歸還了大部分資金，這一事件間接推動了漏洞賞金機制的規範化。2025 年數據顯示，行業年度漏洞賞金總額突破 3 億美元，超過 90% 的頭部項目建立了標準化漏洞回應協議（VRS）。例如，某頭部協議推出「漏洞懸賞計劃」，對發現關鍵漏洞的白帽駭客獎勵高達 100 萬美元，顯著降低了攻擊者的經濟動機。

動態熔斷機制則是對攻擊回應效率的革命性提升。通過即時監測跨鏈交易的異常模式（如單地址高頻調用、異常簽名模式），系統可自動觸發鏈上交易凍結與跨鏈橋隔離。例如，某跨鏈橋在遭遇攻擊時，熔斷機制在檢測到異常交易後立即凍結相關地址，並通過鏈上治理投票決定是否恢復服務，最終避免了數百萬美元的損失。

11.1.4. 行業影響與未來趨勢

Poly Network 事件的影響遠超單一項目，其教訓推動了整個區塊鏈行業的安全標準升級。監管機構開始介入智能合約安全領域，要求註冊證券型代幣項目提交形式化驗證報告，而跨鏈協議的驗證框架也逐漸成為合規要求的一部分。開發工具鏈的成熟顯著降低了安全漏洞的產生概率，例如 Hardhat 和 Foundry 等框架內置的自動化漏洞檢測插件，使 85% 的項目在部署前通過測試發現了潛在問題。

然而，挑戰依然存在。隨着跨鏈協議複雜度的提升，新型攻擊手段（如量子計算對簽名算法的威脅）正在浮現。行業正探索零知識證明（ZKP）與抗量子簽名算法的結合應用，以應對未來潛在風險。

Poly Network 事件不僅是技術漏洞的警示錄，更是行業從「被動防禦」走向「主動共生」的轉折點通過許可權隔離、形式化驗證與動態防禦的協同，區塊鏈生態正在構建一個「漏洞即責任、安全即共識」的新範式。當代碼邏輯與法律契約深度綁定，當技術防禦與經濟激勵無縫銜接，全球資產才能真正實現無國界、無摩擦數碼化流通的未來願景。

11.2. 市場波動應對：MakerDAO 抵押品清算機制的啟示

11.2.1. 清算機制的演化：從被動回應到主動防禦

MakerDAO 作為以太坊生態中最核心的穩定幣協議，其抵押品清算機制的設計直接關係到 DAI 的穩定性與系統的抗風險能力。在經歷 2020 年「黑色星期四」事件後，MakerDAO 逐步構建起一套以超額抵押、分層清算與 MKR 兜底為核心的三重防禦體系，為市場波動下的資產安全提供了制度保障。

第一重防線：超額抵押基線的動態調整

MakerDAO 的清算機制以「超額抵押」為核心邏輯，要求借款人抵押資產的價值始終高於所借 DAI 的債務總額。初始抵押率設定為 150%，但在極端行情下，系統會通過算法動態調整這一閾值。例如，在市場劇烈波動時，系統可能根據資產流動性與價格波動性自動提高抵押率，以防止抵押品價值驟降引發連鎖清算。

第二重防線：分層清算拍賣的流動性管理

為了應對不同資產的流動性差異，MakerDAO 將清算拍賣劃分為「優先拍賣池」與「長尾資產緩衝池」。優先拍賣池專為高流動性資產（如 ETH、WBTC）設計，由專業做市商競價參與，確保抵押品能以接近市場價的速度變現。例如，在某次大規模清算中，系統通過優先拍賣池將價值數千萬美元的 ETH 在 48 小時內全部清算完畢，避免了價格進一步下跌導致的債務損失。

而對於流動性較低的資產（如 NFT、低市值代幣），MakerDAO 引入了長尾資產緩衝池，通過閃電貸等工具實現自動化清算。這一設計有效規避了人工操作延遲導致的連環爆倉風險。例如，某 NFT 抵押的 Vault 因市場流動性枯竭面臨清算困境，系統通過閃電貸快速注入流動性，將抵押品以折扣價變現，最終損失遠低於傳統清算模式下的平均損失率。

第三重防線：MKR 風險兜底的最後屏障

當抵押品價值低於債務時，MakerDAO 通過增發 MKR 代幣進行拍賣，以回購 DAI 並償付債務。這一機制本質上由 MKR 持有者承擔系統風險，但也為協議的長期穩定性提供了保障。例如，在某次市場波動中，系統通過三次 MKR 拍賣成功覆蓋債務缺口，穩定了 DAI 的錨定價值，並通過 MKR 的市場流通增強了社區共識。

11.2.2. 市場波動中的實踐困境：技術漏洞與流動性黑洞

儘管 MakerDAO 的清算機制已相對成熟，但在實際運行中仍面臨兩大核心挑戰：預言機延遲陷阱與流動性分層黑洞。

（1）預言機延遲陷阱：數據滯後的致命風險

預言機延誤可能導致系統錯誤判斷抵押品價值。例如，在某次事件中，預言機因網絡擁堵導致喂價延遲，系統錯誤地將某些抵押品標記為「低於清算線」，最終導致多個 Vault 被誤清算。對此，MakerDAO 社區採納了多預言機數據源與中位數過濾的方案，以提升清算決策的準確性。

（2）流動性分層黑洞：長尾資產的清算難題

長尾資產（如 NFT）在清算時常面臨流動性斷層。例如，某 DeFi 項目用戶抵押價值數百萬美元的 NFT 借款 DAI，但在市場暴跌後，系統無法找到合適的買家，導致抵押品以較低價格被強制拍賣，債務損失較高。為解決這一問題，MakerDAO 引入了流動性擔保機制，要求抵押者額外抵押流動性資產（如 Uniswap LP 代幣），以確保清算時能以合理價格變現抵押品。

11.2.3. 改進方向：動態抵押率與跨協議對沖的協同創新

面對市場波動的不確定性，MakerDAO 正通過動治理協同與跨協議對沖工具的創新，進一步提升系統的抗風險能力。

（1）治理協同：人工調整與市場信號的平衡

動態抵押率提案雖被否決，但社區持續探索人工治理與市場信號的結合。例如，ETH-C 抵押率的調整需基於市場波動、流動性風險及債務規模等多維度評估，治理投票的透明性與社區參與度成為關鍵。2025 年，MakerDAO 計劃引入「風險評估模組」，結合歷史清算數據與市場波動率指標，為治理決策提供數據支持。

（2）跨協議對沖工具：Delta 中性保護的實現

為降低抵押資產的波動風險，MakerDAO 與衍生品協議合作開發了跨協議對沖工具。例如，用戶在抵押 ETH 借款 DAI 的同時，可自動開立等值的 ETH 空單，形成 Delta 中性保護。此外，再質押協議（如 EigenLayer）的興起進一步擴展了資本效率，使抵押資產在保障債務的同時參與收益生成，降低清算壓力。

11.2.4. 行業影響與未來展望

MakerDAO 的清算機制創新不僅為自身穩定幣體系提供了保障，也為整個 DeFi 行業樹立了風險管理的典範。其「超額抵押 + 分層清算 +MKR 兜底」的三重防線，以及治理協同與流動性工具的技術升級，為其他穩定幣協議提供了可複製的框架。

然而，挑戰依然存在。隨着市場複雜度的提升，預言機攻擊、跨鏈橋風險等問題可能進一步放大系統脆弱性。為此，行業正在探索更安全的技術方案，以構建更穩健的清算環境。

MakerDAO 的清算機制演進，不僅是技術漏洞的修復過程，更是行業從「被動防禦」走向「主動共生」的轉捩點。通過超額抵押、分層拍賣與 MKR 兜底的協同，結合治理協同與流動性工具的創新，DeFi 生態正在構建一個「漏洞即責任、安全即共識」的新範式。

11.3. 數據隱私保護：GDPR 與零知識證明的融合實踐

11.3.1. 合規 - 技術協同框架：從法律約束到密碼學保障

歐盟《通用數據保護條例》（GDPR）作為全球最嚴格的隱私保護法規，其核心原則「數據最小化」與「目的限定」要求企業在處理個人數據時，僅收集必要的信息，並嚴格限制數據的使用範圍。然而，傳統數據處理模式往往依賴中心化機構對數據的存儲與管理，導致隱私洩露風險高企。零知識證明（ZKP）技術的出現，為 GDPR 合規提供了全新的解決方案——通過密碼學手段實現「數據可用不可見」，既滿足法律要求，又保障數據安全。

（1）鏈下計算 - 鏈上驗證：隱私與效率的平衡

ZKP 的核心邏輯在於將數據處理過程從鏈上轉移至鏈下，僅在鏈上提交數學證明，從而避免敏感信息的直接暴露。例如，MIT 與波士頓醫療中心開發的 zkML 乳腺癌預測模型，允許患者在本地設備上運行 AI 診斷模型，生成疾病預測報告後，通過 ZK-SNARK 生成加密證明，並將證明上傳至區塊鏈。醫院通過驗證該證明，可確認診斷結果的準確性，而無需訪問患者的基因組數據或病史記錄。據研究顯示，該模型將診斷準確率提升了 9%，顯著降低數據洩露風險。醫療數據洩露的平均罰金為200萬歐元，2023年最高罰單為Meta的12億歐元，可見隱私數據的保護需足夠重視。

（2）屬性憑證體系：從身份控制到業務合規

ZKP 的另一關鍵應用是構建「屬性憑證」（Verifiable Credentials, VC）體系，將用戶身份信息（如年齡、職業、信用評分）轉化為可驗證的數碼憑證。企業僅能訪問業務必需的屬性，而無法獲取完整身份數據。例如，歐盟 eIDAS 2.0 數碼身份框架支持 ZK 屬性憑證，用戶可僅披露必要屬性（如年齡驗證），銀行通過驗證憑證確認「年齡 ≥18 歲」等條件，無需獲取完整身份信息，符合 GDPR 最小化原則。

傳統模式與 ZKP + 模式的異同

類項	傳統中心化數據處理模式	ZKP + 區塊鏈應用模式
數據存儲位置	中心化服務器	分散式 + 鏈下本地處理
數據暴露風險	高	極低
GDPR 合規程度	合規成本高	天然符合「數據最小化」與「目的限定」
處理效率	可能因集中計算造成瓶頸	鏈下計算 + 鏈上驗證，效率高
第三方訪問控制	可能接觸全部數據	僅能驗證加密證明或屬性憑證
使用場景舉例	傳統醫療系統、銀行 KYC	MIT zkML 醫療模型、eIDAS 2.0 框架

在供應鏈管理中，企業常需向監管機構或合作夥伴披露生產數據，但涉及地理位置、供應商信息等敏感內容時，傳統方式難以兼顧合規與隱私。例如，雀巢與 Morpheus Labs 合作的咖啡豆溯源系統，通過 zkRollup 技術驗證產地合規性，海關僅需確認「農藥殘留合格」結論，無需獲取農場 GPS 座標或種植者身份信息。據案例顯示，該系統將審計時間從 48 小時縮短至 6 小時，同時因數據洩露引發的貿易糾紛大幅減少。

11.3.2. 技術挑戰與突破：從理論到落地的跨越

儘管 ZKP 技術展現出強大的隱私保護能力，但其大規模應用仍面臨兩大技術挑戰：計算開銷悖論與標準化困局。

（1）計算開銷悖論：從「分鐘級」到「秒級」

傳統 ZKP 生成過程耗時較長，嚴重制約了即時應用。為解決這一問題，Cysic 的 FPGA 硬體加速方案將 ZKP 生成時間壓縮至 1.2 秒，功耗降低 70%。例如，在 zkML 腫瘤篩查場景中，證明生成時間從 15 秒降至 1.2 秒，實現工業級應用。

（2）標準化困局：從「孤島協議」到「跨鏈互認」

不同區塊鏈的 ZKP 電路設計差異，導致證明在鏈間無法互通，形成「技術孤島」。為破解這一難題，Union 跨鏈協議通過 ZK 輕客戶端實現以太坊與 Cosmos 生態的證明互認。據測試顯示，該協議使跨鏈驗證效率提升 30 倍，開發成本降低 50%。

ZKP 大規模應用的兩大技術挑戰

11.3.3. 行業影響與未來展望

ZKP 技術與 GDPR 的融合實踐，不僅為數據隱私保護提供了技術支撐，也推動了隱私計算與區塊鏈的深度融合。從醫療到供應鏈，從身份驗證到合規審計，零知識證明正在重塑數據治理的範式。然而，挑戰依然存在，例如技術成本的優化、跨生態標準的統一，以及與現有法律框架的深度協同。未來，隨着硬件發展加速、跨鏈協議與標準化建設的推進，ZKP 有望成為數據隱私保護的基石，助力全球數碼經濟在安全與合規的雙重保障下持續發展。

第五篇：

未來趨勢
與戰略佈局

第十二章
RWA 3.0：AI、跨鏈與央行數碼貨幣的融合

12.1. 摩根大通區塊鏈平台 Kinexys 的啟示

12.1.1. 從傳統金融到數碼革命：摩根大通的區塊鏈實踐

在傳統金融體系中，跨境支付的延遲和資產流動性的局限一直是長期存在的痛點。摩根大通，這家擁有百年歷史的金融巨頭，卻在區塊鏈技術的浪潮中率先破局。2020 年，它推出了基於以太坊技術的私有許可制區塊鏈平台 Onyx，並於 2024 年正式更名為 Kinexys。這一更名不僅是品牌策略的調整，更標誌着摩根大通從「技術試驗」邁向「全球金融基礎設施」的野心。Kinexys 的核心目標是通過區塊鏈技術突破傳統金融的限制，實現全天候、即時多幣種結算，並構建跨鏈互操作的生態體系。這一轉型背後，隱藏着兩個關鍵的創新方向：現實世界資產（RWA）的代幣化與即時跨境支付的效率革命。本文將深入探討這兩個領域的突破，以及它們如何重塑金融未來的可能性。

12.1.2. 代幣化：啟動非流動性資產的「沉睡價值」

在傳統金融中，非流動性資產（如私募基金、房地產、私人信貸）的規模遠超公開市場，但其低流動性導致融資效率低下，難以發揮應有的市場價值。摩根大通通過 Kinexys 的 Onyx Digital Assets 模組，將這些資產轉化為可編程的數碼代幣，從而釋放其流動性潛力。這一過程被稱為現實世界資產（RWA）代幣化，其核心在於利用區塊鏈的

透明性、不可篡改性和智能合約的自動化特性，將物理世界的資產映射到鏈上。

例如，Kinexys 平台已處理了近 7000 億美元的短期貸款交易，其中包括高盛、法國巴黎銀行等 15 家機構的參與。通過代幣化，這些貸款的抵押品被轉化為鏈上可交易的數碼資產，機構客戶可以即時查詢、轉移或作為擔保品進行借貸。這種模式不僅提升了資產的利用率，還大幅降低了交易成本和風險。摩根大通 Onyx 負責人 Tyrone Lobban 曾直言：「代幣化是傳統金融的殺手級應用。私人市場的規模幾乎是公開市場的兩倍，但流動性卻低得多。這中間存在着巨大的差距。」

Kinexys 的實踐表明，代幣化並非簡單的「資產數碼化」，而是通過技術手段重構資產的生命週期管理。例如，私募基金的份額可以通過智能合約自動分配收益，房地產的租金收入可以即時結算到投資者帳戶。這種可編程性使得資產的管理從「人工操作」轉向「自動化執行」，為金融機構開闢了全新的業務場景。

12.1.3. 即時跨境支付：打破時間與空間的壁壘

跨境支付一直是傳統金融的「痛點」之一。由於涉及多國銀行系統、時區差異和複雜的合規流程，一筆簡單的美元對歐元交易可能需要 1-3 天才能完成。而 Kinexys 通過其 Coin Systems 模組，基於穩定幣 JPM Coin（現更名為 Kinexys Digital Payments），實現了秒級的跨境結算。這一突破的核心在於：將法定貨幣與區塊鏈技術結合，創造一種「私人數碼美元」。

JPM Coin 由摩根大通的美元或歐元全額儲備支持，其本質並非典型的加密貨幣，而是一種受監管的數碼資產。機構客戶可以通過

Kinexys 網絡直接發送和接收 JPM Coin，無需依賴傳統銀行的清算系統。例如，西門子成為首個使用歐元版 JPM Coin 的企業，通過該網絡完成跨境支付後，結算時間可從數小時縮短至幾秒鐘。

更令人矚目的是，Kinexys 計劃在 2025 年第一季度推出美元與歐元的鏈上外匯結算功能，並逐步擴展至英鎊等其他貨幣。這一功能將徹底顛覆傳統外匯市場的運作模式。過去，企業為了應對結算延遲，需要提前預留大量資金以備不時之需，而 Kinexys 的即時結算能力使得企業可以根據實際需求靈活調配資金，顯著降低資本佔用成本。例如，大宗商品公司 Trafigura 已利用 Kinexys 的英鎊帳戶，在倫敦、紐約和新加坡之間實現即時支付，並通過可編程工具自動化流動性管理。

12.1.4. 技術架構與生態擴展：從「孤島」到「互聯」

Kinexys 的成功並非偶然，其背後是摩根大通對區塊鏈技術的深度打磨。平台採用私有許可鏈架構，僅允許通過 KYC 審核的機構節點參與，既確保了合規性，又避免了公鏈的低效與高能耗。此外，其技術設計高度相容以太坊生態，支持智能合約的靈活部署，使得資產代幣化和支付功能能夠無縫集成。

然而，摩根大通並未止步於封閉式創新。2025 年 5 月，Kinexys 首次通過 Chainlink 跨鏈協議與公鏈 Ondo Chain 測試原子結算（DvP 模型）。這一願景的實現，不僅需要技術上的突破（如零知識證明與中繼網絡的結合），更需要行業標準的統一。正如摩根大通支付業務聯席主管 Umar Farooq 所言：「我們的目標是突破傳統技術限制，實現多鏈世界的潛力。」

12.1.5. 數據驗證與行業影響：從「試驗」到「規模化」

截至 2024 年，Kinexys 平台的累計交易量已超過 1.5 萬億美元，日均交易量達 20 億美元，覆蓋五大洲的客戶羣體，包括西門子、貝萊德、螞蟻國際等頭部企業。這一數據驗證了其商業模式的可行性。更值得關注的是，Kinexys 的支付交易量較 2023 年增長了 10 倍，顯示出市場需求的強勁增長。

在資產代幣化領域，Kinexys 的短期貸款交易規模已近 7000 億美元，而其長期目標是將私人信貸、私募股權和房地產等非流動性資產全面代幣化。這種趨勢的推動力不僅來自技術進步，更源於監管環境的逐步開放。

12.1.6. 未來展望：RWA 的「新黃金時代」

摩根大通的實踐表明，區塊鏈技術並非對傳統金融的顛覆，而是對其的賦能與重構。通過代幣化，非流動性資產得以煥發新生；通過即時支付，跨境交易的效率被推向極致。而這兩者的結合，正在為全球金融體系注入新的活力。

未來，隨着跨鏈技術的成熟和監管框架的完善，RWA 代幣化有望成為主流金融基礎設施的重要組成部分。摩根大通的 Kinexys 平台，或許只是一個起點。正如其名稱「Kinexys」所寓意的那樣——「因運動而起」，區塊鏈技術正在以不可阻擋的動能，推動金融世界的邊界不斷擴展。

當現實世界的資產被賦予數碼靈魂，當資金流動的速度超越時空限制，我們或許正在見證一個「無摩擦金融」的新紀元。而這一切，始於摩根大通的一次勇敢嘗試。

12.2. 新加坡項目 Guardian：多鏈資產互操作協議

在區塊鏈技術的早期發展階段，不同的區塊鏈網絡如同彼此孤立的島嶼，各自承載着獨特的資產、規則與用戶羣體。這種「鏈間割裂」的現象不僅限制了資產的流動性，也阻礙了金融創新的規模化落地。然而，隨着現實世界資產（RWA）代幣化的加速推進，市場對跨鏈互操作性的需求愈發迫切——機構需要一種機制，能夠將分散在不同鏈上的資產無縫連接，從而構建一個高效、透明且合規的全球金融網絡。新加坡金融管理局（MAS）主導的項目 Guardian（守護者計劃），是全球首個系統性探索資產代幣化與多鏈互操作性的國家級實驗項目。其核心目標是通過技術與監管的雙重創新，構建一個「可互操作、可監管、可擴展」的全球資產流通網絡。這一計劃不僅重構了資產代幣化的底層邏輯，更標誌着數碼金融進入「多鏈協作」時代。

Project Guardian 時間綫

時間	事件
2022 年 5 月	MAS 啟動 Project Guardian，首批試點聚焦外匯與政府債券交易
2023 年 6 月	發佈《開放互操作網絡》報告，提出 GL1 框架
2023 年 11 月	擴大五大行業試點，新增基金代幣化工作流
2024 年 5 月	德意志銀行加入，研究數碼基金商業化
2024 年 7 月	穆迪加入，提供代幣化資產風險評估

12.2.1. Project Guardian 的誕生：打破鏈間壁壘的必然選擇

2022 年 5 月，MAS 啟動了 Project Guardian 計劃，其核心目標直指區塊鏈技術的痛點：資產代幣化的孤島化與跨鏈交易的低效性。傳統金融體系中，非流動性資產（如私募基金、房地產、貿易融資）的規模遠超公開市場，但其低流動性導致融資效率低下，難以發揮應有的市場價值。而區塊鏈技術的引入，為這些資產的代幣化提供了可能性。然而，代幣化資產若僅局限於單一鏈上，其流動性反而可能被進一步限制——因為不同鏈的規則、共識機制與治理模型差異巨大，資產無法自由流通。

Project Guardian 的提出，源於一個關鍵洞察：多鏈生態是必然趨勢，而互操作性是其生命力的源泉。通過構建一個統一的跨鏈協議框架，Project Guardian 試圖實現以下目標：

資產跨鏈轉移：允許代幣化資產在不同區塊鏈（如以太坊、Cosmos）間自由流動。

合規性嵌入：在跨鏈過程中自動執行反洗錢（AML）、KYC 等監管規則。

流動性聚合：通過流動性池和智能合約，提升代幣化資產的交易效率。

這一願景的實現，依賴於 Project Guardian 提出的開放互操作網絡（Global Layer One, GL1）框架。GL1 並非一個單一的區塊鏈，而是一個模組化架構，由共用帳本基礎設施、統一治理標準和可編程合規規則三大部分組成。其核心邏輯在於：通過技術與規則的協同設計，將不同鏈的資產映射到一個邏輯上統一的「虛擬帳本」中，從而實現跨鏈交易的無縫銜接。

12.2.2. 技術架構：從「鏈下協調」到「鏈上共生」

Project Guardian 的技術框架，本質上是對區塊鏈底層架構的一次重構。其核心創新體現在以下三個方面：

1. 共用帳本與跨鏈橋接

GL1 框架通過跨鏈橋接協議（如 Axelar、Chainlink CCIP）實現不同鏈間的資產轉移。例如，摩根大通旗下的 Kinexys 平台（原 Onyx）利用 Axelar 的跨鏈技術，將代幣化資產從以太坊鏈轉移到 Provenance Blockchain 的私有鏈上，支持阿波羅私募股權基金的代幣化交易。這種橋接並非簡單的資產複製，而是通過零知識證明（ZKP）生成加密證明，確保資產轉移的完整性與不可篡改性。據案例顯示，此類跨鏈操作的驗證時間已壓縮至秒級，遠超傳統清算系統的效率。

2. 可編程合規規則

區塊鏈的透明性與去中心化特性，常被視為與金融監管的矛盾體。然而，Project Guardian 通過智能合約嵌入合規邏輯，實現了兩者的相容。例如，跨境支付場景中，Kinexys 的 JPM Coin（現為 Kinexys Digital Payments）在結算時自動觸發 AML 規則驗證，僅當交易滿足監管要求時才會執行。這種「合規即代碼」的設計，不僅降低了人工審核成本，還大幅減少了違規交易的風險。德意志銀行在參與的基金代幣化試點中，通過智能合約實現了投資額度的動態調整，確保投資者符合地域與資質限制。

3. 模組化治理與標準化協議

多鏈互操作的複雜性，不僅在於技術實現，更在於規則的協調。Project Guardian 通過分層治理模型，將技術標準、業務規則與監管政策分離開來，形成可擴展的模組化架構。例如，其守護者固定收益架構（GFIF）為代幣化債券的發行與交易制定了統一的數據標準，而守護者基金架構（GFF）則簡化了基金代幣化的法律流程。這種標準化設計，使得不同機構可以在遵循共同規則的前提下，靈活選擇底層技術棧（如 EVM 鏈或 Cosmos SDK），從而避免「技術孤島」。

12.2.3. 行業試點：從理論到實踐的跨越

Project Guardian 的真正價值，在於其廣泛的行業試點與實際應用場景。這些案例不僅驗證了多鏈互操作協議的可行性，也揭示了其對金融基礎設施的深遠影響。

1. 跨境支付的效率革命

摩根大通的 Kinexys 平台，通過 JPM Coin 實現了秒級跨境結算。在 2023 年的試點中，西門子使用歐元版 JPM Coin 完成了一筆德國與法國間的支付，結算時間從傳統模式的數小時縮短至幾秒鐘。這一突破的關鍵在於：將法定貨幣與區塊鏈技術結合，創造「私人數碼美元」。JPM Coin 由摩根大通的美元或歐元全額儲備支持，其本質並非典型的加密貨幣，而是一種受監管的數碼資產。通過 Kinexys 的鏈上網絡，機構客戶可以直接發送和接收 JPM Coin，無需依賴傳統銀行的清算系統。這種模式不僅提升了效率，還降低了資本佔用成本。例如，大宗商品公司 Trafigura 通過 Kinexys 的英鎊帳戶，在倫敦、紐約和新加坡之間實現即時支付，並通過可編程工具自動化流動性管理。

2. 基金代幣化的商業探索

瑞銀資產管理與 SBI Digital Markets 合作，在以太坊上完成了可變資本公司（VCC）基金代幣化試點。該基金通過智能合約自動分配收益，並允許投資者即時查詢份額價值。這一模式的優勢在於：將非流動性資產（如私募股權）轉化為可交易的數碼資產，從而提升其流動性。此外，德意志銀行正在研究如何通過代幣化基金實現個性化投資組合管理。例如，客戶可以根據自身風險偏好，動態調整基金配置，而智能合約會自動執行再平衡操作，節省大量人工干預。

3. 供應鏈金融的自動化升級

渣打銀行與 Taurus 合作，為資產支持證券（ABS）代幣化，並通過跨鏈協議實現資產的流動性釋放。例如，一家中國出口企業將其對歐洲客戶的應收賬款代幣化後，通過 Project Guardian 的流動性池快速變現，而無需等待賬期結束。這種模式不僅加速了資金周轉，還通過智能合約的自動執行，降低了違約風險。據試點數據顯示，該方案將供應鏈金融的融資週期縮短至 3-5 天，同時壞賬率也得到降低。

不同金融領域的案例與進展

領域	案例與進展	參與方
基金代幣化	2023 年瑞銀與 SBI 在以太坊完成可變資本公司（VCC）基金代幣化試點，探索商業化模式	瑞銀、SBI Digital Markets
固定收益	穆迪分析代幣化債券風險，覆蓋傳統證券、穩定幣及銀行存款	穆迪、渣打銀行
跨境支付	摩根大通 Onyx（現 Kinexys）的 JPM Coin 實現秒級跨境結算，計劃擴展至多幣種	摩根大通、西門子

12.2.4. 未來圖景：從「實驗」到「基礎設施」的進化

Project Guardian 的成功，標誌着多鏈資產互操作協議從「技術試驗」邁向「金融基礎設施」的轉折點。其未來發展方向，將聚焦於以下三大領域：

1. 多幣種鏈上外匯結算

2025 年第一季度，Project Guardian 計劃推出美元與歐元的鏈上外匯結算功能，並逐步擴展至英鎊、日元等主要貨幣。這一功能的核心在於：通過智能合約實現外匯交易的自動清算與結算，從而消除傳統外匯市場的中間環節。例如，一家跨國企業在倫敦、紐約和新加坡間進行多幣種支付時，Kinexys 的可編程支付工具將根據即時匯率自動調整結算路徑，確保資金在最短時間內到賬。這一模式預估可將外匯交易的摩擦成本大幅降低，並減少因匯率波動導致的損失。

2. 跨鏈生態的擴展

Project Guardian 正在與 Cosmos、Polkadot 等公鏈合作，探索代幣化資產的跨鏈互認。例如，通過 Axelar 的跨鏈橋接技術，以太坊上的代幣化債券可以被映射到 Cosmos 生態的公鏈上，從而吸引更廣泛的投資者羣體。這種跨鏈流動性聚合，不僅提升了資產的市場深度，還通過競爭機制優化了定價效率。

3. 監管沙盒的深化

MAS 正在將 Project Guardian 的成果納入監管沙盒框架，推動中央銀行數碼貨幣（CBDC）的測試。例如，新加坡的 SGD Testnet（新元數碼貨幣）已與 Kinexys 的鏈上網絡對接，允許機構在受控環境中測試 CBDC 與代幣化資產的協同應用。這一舉措的意義在於：為未來的「混合金融體系」奠定基礎，即傳統法幣與數碼資產共存，並通過智能合約實現無縫轉換。

12.2.5. 小結：多鏈時代的「新巴塞爾協議」

Project Guardian 的實踐表明，多鏈資產互操作協議不僅是技術問題，更是制度設計的藝術。它通過技術與規則的協同，解決了區塊鏈生態中長期存在的「孤島化」難題，為全球金融體系注入了新的活力。或許我們正在構建一個無摩擦的金融世界，其中資產、規則與信任可以通過代碼無縫流轉。

未來，隨着更多機構加入 Project Guardian 的生態，多鏈互操作協議或將演變為新一代的「巴塞爾協議」——一套全球通用的金融基礎設施標準。在這個標準下，資產的流動性將不再受限於鏈的邊界，而是成為全球資本流動的自由載體。而這一切，始於新加坡的一次勇敢嘗試。

12.3. 中國數字人民幣 e-CNY：法定貨幣的鏈上延伸

在人類貨幣的歷史長河中，從貝殼到金銀，從紙鈔到電子支付，每一次形態的變革都伴隨着技術的革新與社會需求的推動。如今，隨着區塊鏈技術的崛起和全球金融數碼化浪潮的席捲，法定貨幣的數碼化轉型成為不可逆轉的趨勢。2020 年起，中國人民銀行正式推出數字人民幣（e-CNY），這一舉措不僅是中國在金融科技領域的重大創新，更標誌着法定貨幣從物理世界向數碼世界的延伸邁出了關鍵一步。數字人民幣的誕生，既是應對傳統金融體系效率瓶頸的必然選擇，也是中國在數碼經濟時代爭奪全球貨幣話語權的戰略佈局。

12.3.1. 數字人民幣的核心定位：法定貨幣的數碼化延伸

數字人民幣的本質，是國家信用的數碼化載體。它並非對現有貨幣體系的顛覆，而是對現金（M0）的補充與升級。根據《數字人民幣研發進展白皮書》，e-CNY 由中國人民銀行發行，商業銀行參與運營，其法律地位與紙鈔、硬幣等同，具有法償性和價值特徵。這意味着無論是在超市購物、乘坐公交，還是在偏遠山區進行小額交易，數字人民幣都能像實物人民幣一樣被廣泛接受，且無需依賴銀行帳戶即可完成支付。這種「松耦合」特性，使得數字人民幣成為普惠金融的重要工具，尤其為未接入傳統金融體系的羣體提供了基礎金融服務。

與比特幣、以太坊等去中心化加密貨幣不同，數字人民幣的中心化發行模式決定了其穩定性與安全性。它的價值錨定於實物人民幣，不依賴市場波動或投機行為，避免了加密貨幣常見的價格劇烈波動風險。此外，數字人民幣的發行與流通完全由央行掌控，商業銀行僅負責兑換與場景落地，這種「雙層運營體系」既保證了貨幣供應的可控性，又為技術創新留出了空間。

12.3.2. 技術架構：混合模式下的安全與效率平衡

數字人民幣的技術設計，體現了中國在金融科技創新中的務實精神。儘管區塊鏈技術因其去中心化、透明性和不可篡改性被廣泛討論，但 e-CNY 並未完全依賴區塊鏈，而是採用了混合架構：在底層帳本管理中引入局部區塊鏈技術，而在交易處理層面則依賴傳統的中心化系統。這種設計兼顧了效率與安全，既避免了公鏈的低性能瓶頸，又保留了分佈式帳本在反洗錢、反欺詐等領域的優勢。

雙離線支付是數字人民幣的一大亮點。通過 NFC 近場通信技術，用戶即使在無網絡或無電的情況下，也能通過「碰一碰」完成交易。這一功能在偏遠地區或應急場景中尤為重要，例如自然災害導致通信中斷時，數字人民幣仍能保障基本支付需求。此外，e-CNY 的可控匿名機制也值得關注：小額交易可匿名進行，大額交易則依法可追溯。這種設計在保護用戶隱私的同時，為監管機構打擊洗錢、逃稅等違法行為提供了技術支撐。

智能合約的引入，進一步拓展了數字人民幣的應用邊界。通過預設條件自動執行資金劃轉，智能合約能夠解決傳統金融中的諸多痛點。例如，在預付卡消費場景中，商家可利用智能合約凍結用戶資金，直到服務完成後再釋放支付；在政府補貼發放中，資金可根據特定規則定向到賬，避免挪用或截留。這些創新不僅提升了金融系統的自動化水準，也為社會治理提供了新的工具。

不同特性的技術實現與應用價值

特性	技術實現	應用價值
雙離線支付	NFC 近場通信技術，無網無電時通過「碰一碰」完成交易	覆蓋偏遠地區、應急場景
可控匿名	小額交易匿名，大額交易依法可溯，平衡隱私與監管	反洗錢與反詐能力提升
智能合約	嵌入可編程條件（如預付資金凍結），自動執行資金劃轉	解決預付卡跑路、補貼精准發放
跨鏈互操作	參與多邊央行數碼貨幣橋（mBridge），與香港、泰國等央行測試跨境結算	加速人民幣國際化

12.3.3. 應用場景：從零售到跨境的生態構建

數字人民幣的應用場景，正從零售支付逐步向更廣闊的領域擴展。截至 2025 年，e-CNY 已覆蓋超過 1000 萬商戶，涵蓋餐飲、交通、政務等多個場景，累計交易筆數超 20 億次，交易額約 6000 億元人民幣。在綠色金融領域，青島的「青碳行」平台通過數字人民幣發放發放數字人民幣紅包 500 餘萬元，激勵市民選擇低碳出行；百信銀行則利用數字人民幣 + 票據貼現的方式，為低碳企業提供定向信貸支持，早在 2022 年落地首筆數字人民幣票據貼現，支持資源再生企業。這些案例表明，數字人民幣不僅是支付工具，更是推動可持續發展的重要杠杆。

在政務與民生領域，數字人民幣同樣展現出強大的賦能能力。深圳的「元管家」預付資金監管平台已簽約 3100 家機構，管理資金超 20 億元，有效防範了預付卡「跑路」風險；全國範圍內，數字人民幣覆蓋了 31 個省份的水電燃氣繳費場景，累計繳費金額達 1.14 億元。這些應用不僅提升了公共服務的效率，也增強了民眾對數字人民幣的信任。

跨境支付的突破，則為數字人民幣的國際化鋪平了道路。香港試點中，居民可通過「轉數快」（FPS）為數碼錢包充值，並在深圳地鐵、SOGO 百貨等場景消費。據《2025-2030 年全球及中國跨境支付行業市場現狀調研及發展前景分析報告》，2024 年全球跨境支付市場規模達到了 2.4 億美元，同比增長 12%。2024 年中國跨境數碼支付服務行業的市場規模達到 7.5 萬億元人民幣。跨境支付作為第三方支付的重要構成部分，其市場規模在不斷擴大。隨着全球貿易的不斷發展和跨境電商的興起，跨境支付市場將持續增長。特別是隨着新興市場的崛起和消費者支付習慣的改變，跨境支付的需求將進一步增加。與此同時，多邊央行數碼貨幣橋（mBridge）項目連接了中國、阿聯酋、泰國等國的央行，測試企業跨境貿易結算的可行性。這一合作不僅降低了跨境支付的成本與時間，也為人民幣國際化開闢了新路徑。

12.3.4. 挑戰與未來方向：從試點到全面推廣的跨越

儘管數字人民幣的實踐取得了顯著成果，但其推廣仍面臨多重挑戰。用戶習慣的培養尤為關鍵：目前，許多用戶仍依賴紅包活動推廣 e-CNY，自然使用率較低；部分用戶在收到數字人民幣後，會立即轉回銀行卡，反映出對數碼錢包的信任不足。此外，受理環境的完善仍需努力：硬錢包支持不足、商戶設備未升級等問題，限制了數字人民幣的普及速度。激勵機制的缺失也是一個痛點，銀行在推廣數字人民幣時缺乏手續費分成，導致動力不足。

面對這些挑戰，未來的戰略方向將聚焦於場景深化、跨境基建和技術升級。在場景深化方面，數字人民幣將從零售支付擴展至批發金融領域，例如並購貸款、債券發行等；在數碼財政領域，税收、土地出讓金等公共資金的鏈上繳納將成為新方向。跨境基建方面，e-CNY 將與 CIPS（人民幣跨境支付系統）協同，提升人民幣跨境支付系統（CIPS）功能和全球網絡覆蓋。跨境清算公司增強與金融機構協同聯動，共同提升對「走出去」企業的服務水準。技術升級方面，抗量子加密算法的研發將為數字人民幣的長期安全提供保障。

12.3.5. 數據印證：數字人民幣的階段性成果

截至 2024 年 7 月，數字人民幣的推廣已初見成效：個人錢包數量達 1.8 億個，累計交易額突破 7.3 萬億元；深圳的預付資金監管規模超過 20 億元，CIPS 系統的年交易量達到 175.49 萬億元。這些數據不僅驗證了數字人民幣的可行性，也為其進一步發展奠定了基礎。

12.3.6. 小結：法定貨幣的鏈上延伸與全球意義

數字人民幣的「鏈上延伸」，並非簡單地將貨幣上鏈，而是通過混合架構與智能合約的協同，重構貨幣的職能與邊界。它既是對傳統金融體系的補充與優化，也是中國在數碼經濟時代探索「中國方案」的重要實踐。通過提升支付效率、降低社會成本、增強貨幣政策的精准性，數字人民幣正在為實體經濟注入新的活力。而通過跨境基建與國際合作，它更有可能挑戰美元的結算霸權，推動全球貨幣體系的多元化。

正如中國人民銀行所強調的，數字人民幣的推廣堅持「安全可控、創新實用」的原則，其每一步進展都服務於實體經濟的發展。未來，隨着技術的不斷進步與應用場景的持續拓展，數字人民幣有望成為全球法定數碼貨幣的典範，為世界金融體系的演進貢獻中國智慧。

第十三章 寫給從業者的行動指南

13.1. 機構入場：貝萊德、富達的 RWA 基金配置策略

在區塊鏈技術與金融創新的交匯點上，現實世界資產（RWA）代幣化正從概念走向規模化落地。2025 年，RWA 市場規模預測將突破 6000 億美元，到 2030 年將達 16 萬億美元，這一增長不僅源於技術進步，更根植於金融機構對效率、合規與資產流動性的迫切需求。貝萊德（BlackRock）、富達（Fidelity）等全球資管巨頭的率先佈局，揭示了 RWA 從「實驗性探索」邁向「戰略必爭」的關鍵轉折。對於從業者而言，理解機構如何入場 RWA，不僅是把握行業趨勢的窗口，更是構建自身競爭力的起點。

13.1.1. RWA 的底層邏輯：流動性釋放與效率重構

RWA 的本質，是通過區塊鏈技術將傳統金融中的非流動性資產（如房地產、債券、大宗商品）轉化為可編程、可交易的數碼代幣。這一過程的核心價值在於：降低投資門檻、縮短交易週期與強化合規控制。例如，貝萊德的 BUIDL 基金以 1 美元為單位發行代幣化美債，使得原本僅限機構投資者的國債市場向個人投資者開放；富達的代幣化貨幣市場基金則通過鏈上結算，將跨境支付成本從 7% 壓縮至 0.5%。這些案例表明，RWA 並非顛覆現有金融體系，而是通過技術手段優化其運行效率，為機構提供新的資產配置工具。

然而，RWA 的吸引力不僅在於效率提升，更在於其對監管框架的適應性。新加坡 Project Guardian、歐盟 MiCA 法案的推出，為代幣化資產提供了合規沙盒；而貝萊德與 Securitize 的合作，則展示了如何通過 KYC/AML 白名單機制，確保交易符合 SEC 要求。這種「技術 + 規則」的雙重設計，使得 RWA 成為機構入場的可行路徑。

13.1.2. 貝萊德的 BUIDL 基金：機構入場的範式革命

2024 年 3 月，貝萊德推出的 BUIDL 基金，成為 RWA 領域的標誌性事件。這款以美元計價的代幣化貨幣市場基金，100% 配置於美國國庫券、現金及回購協議，其底層資產的穩定性與透明度為機構投資者提供了安全感。BUIDL 的運作邏輯，揭示了機構入場 RWA 的三大核心策略：

1. 從低風險資產切入，驗證技術可行性

BUIDL 選擇美債作為底層資產，不僅因其信用等級高、流動性強，更因其標準化程度足以支撐代幣化流程。通過每日股息空投（Dividend Airdrop），BUIDL 實現了鏈上收益的自動分配，同時利用 Circle 的 USDC 兌換池，確保投資者可在 24/7 內贖回資金。這種「穩定錨定 + 即時流動性」的設計，使貝萊德得以在風險可控的前提下，測試區塊鏈技術在資產管理中的應用邊界。

2. 構建全棧生態，打通發行 - 合規 - 託管鏈條

BUIDL 的運營並非孤立存在，而是依託於一個由技術夥伴、合規平台與託管機構組成的生態網絡。例如，Securitize 負責智能合約的合規嵌入，普華永道（PwC）提供審計服務，Anchorage Digital 與

Fireblocks 則承擔資金託管職能。這種分工協作模式，不僅提升了效率，還降低了單一機構的技術與合規成本。貝萊德的戰略意圖顯而易見：通過 BUIDL 積累鏈上運營經驗，為後續拓展商業地產、私募股權等高價值非標資產奠定基礎。

3. 跨鏈互操作與生態卡位

BUIDL 的代幣基於以太坊 ERC-20 標準發行，但通過 Wormhole 橋接技術，已擴展至 Aptos、Arbitrum 等多條鏈。這種跨鏈佈局，既避免了生態孤島，又為機構投資者提供了更多交易渠道。同時，貝萊德與 Coinbase 的合作，進一步將 BUIDL 納入加密資產的主流流通體系。這種「技術先行，生態跟進」的策略，使貝萊德在 RWA 領域佔據了先發優勢。

產品架構及策略

要素	實現方式
底層資產	100% 現金、美國國庫券、回購協議（低風險 + 穩定收益）
代幣機制	ERC-20 標準，1:1 錨定美元，每日股息空投
流動性方案	與 Circle 合作建立 USDC 兌換池，支持 24/7 贖回
合規風控	KYC/AML 白名單制，僅限合格投資者；SEC 註冊 + 普華永道審計

13.1.3. 富達的多元化佈局：從貨幣基金到私人信貸

如果說貝萊德的 BUIDL 是 RWA 的「穩定器」，那麼富達的佈局則更具「探索性」。富達不僅在代幣化貨幣市場基金（如 FYHXX）中佔據一席之地，還積極拓展私人信貸、碳信用等高收益資產領域。其策略的核心，在於資產選擇的階梯式滲透與技術整合的靈活性。

1. 資產選擇：從低風險到高收益的漸進佈局

富達的代幣化美元貨幣市場基金 FYHXX，與貝萊德的 BUIDL 異曲同工，均以美國國庫證券和現金為底層資產。該基金通過以太坊網絡發行代幣，預計於 2025 年 5 月 30 日生效，其收益率與鏈下美債市場保持一致。但富達的佈局不止於此：其旗下 Goldfinch 平台已涉足供應鏈金融，通過 DeFi 協議聚合中小企業貸款，年化收益顯著高於傳統銀行貸款。這種「低風險資產打底，高收益資產增值」的組合，既滿足了不同風險偏好的投資者需求，也為富達積累了跨資產類別的管理能力。

2. 技術整合：合規與效率的平衡術

富達的技術策略強調「合規嵌入」與「效率優先」的雙軌並行。例如，其代幣化基金通過預言機驗證鏈下數據（如 Chainlink 等第三方服務），確保 KYC/AML 規則自動執行；同時，與 Fireblocks 合作託管資金，利用其多層加密技術保障資產安全。這種設計不僅降低了操作風險，還提升了交易效率。

3. 生態合作：構建全鏈條解決方案

富達的 RWA 佈局始終圍繞「生態共建」展開。從資產方到技術方，從合規平台到託管機構，富達通過合作夥伴網絡覆蓋了 RWA 的全流程。例如，其與摩根大通 Onyx Digital Assets 合作，將貨幣市場基金股票代幣化，使傳統銀行客戶能夠更高效地參與代幣化資產交易；同時，通過與 Fireblocks 等託管機構合作，進一步保障資產安全。這種「開放合作」的姿態，使富達在 RWA 領域形成了獨特的競爭優勢。

13.1.4. 機構入場 RWA 的三步路徑：從試點到擴張

對於希望加入 RWA 浪潮的機構而言，貝萊德與富達的實踐提供了清晰的路徑參考：

第一步：試點驗證——選擇標準化資產

機構應優先選擇底層資產標準化、監管框架清晰的領域，如美債、貨幣市場基金等。這類資產風險低、流動性強，便於測試代幣化流程的可行性。例如，貝萊德的 BUIDL 在 4 個月內實現 2.47 億美元管理規模，正是通過美債這一「穩定錨點」建立了市場信任。

不同資產類型的代表案例與機構策略

資產類型	代表案例	機構策略
穩定幣 / 美債	貝萊德 BUIDL、富蘭克林 BENJI	優先切入低風險、高流動性資產，積累鏈上運營經驗
商業地產	Propy（房產 NFT）、MANTRA（中東石油美元）	試點碎片化投資，解決估值與流動性瓶頸
私人信貸	Centrifuge、Goldfinch 供應鏈金融	通過 DeFi 協議聚合中小企業貸款，年化收益 8-15%

第二步：生態共建——構建全棧解決方案

RWA 的成功依賴於技術、合規與託管的協同。機構需聯合區塊鏈基礎設施（如 Chainlink）、合規平台（如 Securitize）及託管機構（如 Fireblocks），構建覆蓋發行、交易、兌付的全鏈條生態。富達與 Fireblocks 的合作，便是這一策略的典型案例。

第三步：規模擴張——拓展高價值非標資產

當機構積累足夠的鏈上運營經驗後，可逐步涉足高價值非標資產，如商業地產、私人信貸等。這一階段需重點關注資產估值、流動性分層及二級市場建設。例如，貝萊德計劃將 BUIDL 擴展至 Solana 鏈，而富達的 Goldfinch 平台則通過 DeFi 協議培育私人信貸的二級市場。

13.1.5. 未來趨勢與挑戰：機遇與風險並存

儘管 RWA 的前景廣闊，但機構入場仍面臨多重挑戰。監管碎片化是當前最大的不確定性：美國 SEC 對證券型代幣的審查趨嚴，而歐盟 MiCA 法案的落地則可能加速合規化進程。此外，流動性分層問題亟待解決——目前 CEX 上架的 RWA 產品不足 10 款，依賴 DeFi 協議培育二級市場仍是長期路徑。

然而，機遇同樣顯著。養老金、主權基金等大型機構的入場，將為 RWA 市場注入萬億級資金；而鏈上抵押品的應用（如 Euroclear 用代幣化債券替代現金保證金），則可能重塑金融系統的風險控制邏輯。正如貝萊德 CEO 拉裏· 芬克所言：「代幣化證券是下一代金融市場的核心。」對於從業者而言，把握 RWA 的浪潮，不僅是技術革新的必然選擇，更是搶佔未來金融話語權的戰略機遇。

13.1.6. 小結

RWA 的興起，標誌着傳統金融與區塊鏈技術的深度融合。貝萊德與富達的實踐表明，機構入場的關鍵在於：選擇合適的資產起點、構建合規高效的生態，以及動態調整策略以應對監管與市場變化。對於從業者而言，無論是資產管理公司、技術服務商，還是合規機構，RWA 都提供了前所未有的創新空間。在這場金融範式的重構中，唯有主動擁抱變革，方能在未來的浪潮中立於不敗之地。

13.2. 創業機會：RWA 協議、數據預言機與合規服務商

當現實世界資產代幣化（RWA）突破萬億市值門檻時，其背後的創業機遇已遠超單純的金融創新。從美債代幣的鏈上結算到房地產碎片化交易，從碳積分的動態定價到農業供應鏈的智能合約管理，RWA 正在重塑資產流通的底層邏輯。對於創業者而言，這一浪潮不僅提供了技術突破的空間，更創造了跨行業整合的商業機會。本文將以 RWA 協議、數據預言機與合規服務商為核心，解析從業者如何在這一領域找到突破口，並通過真實案例與技術趨勢，為讀者繪製一條清晰的創業路徑。

13.2.1. RWA 協議層：構建資產上鏈與流動性的基礎設施

1. 跨鏈互操作協議：打破多鏈孤島

RWA 的規模化落地，首先依賴於資產在不同區塊鏈間的自由流動。然而，當前的跨鏈技術仍存在效率低、成本高的痛點。例如，美國國債代幣若需從以太坊遷移至 Solana，傳統橋接方案可能耗費數小時且手續費高昂。Chainlink CCIP 雖已支持多鏈資產轉移，但其標準化設計難以滿足特定場景需求。這為創業者提供了機會：開發輕量級的 ZK 跨鏈驗證層，通過零知識證明技術將 Gas 成本降低 50% 以上。

2. 垂直行業協議：定制化資產規則

RWA 的多樣性決定了「一刀切」的解決方案難以奏效。新能源、農業、知識產權等領域的資產代幣化，需要針對行業特性設計規則。例如，朗新科技與螞蟻鏈合作的充電樁收益權代幣化項目，通過智能合約自動分配充電收入；山東瑞揚文化則利用 NFT 技術將農業 IP 碎

片化，解決農產品供應鏈中的應收賬款融資難題。創業者可聚焦高潛力賽道：

- 綠色能源：開發碳積分核算系統，結合衛星圖像與 IoT 感測器數據驗證綠電產量。
- 農業供應鏈：構建農作物產量預測模型，通過 DeFi 協議為農戶提供動態抵押貸款。
- 知識產權：設計專利收益權分割機制，利用 DAO 治理平台實現科研成果的流動性釋放。

3. 流動性協議：啟動沉睡的代幣

RWA 的核心價值在於釋放資產流動性，但「代幣化易、交易難」的矛盾依然存在。以房地產代幣為例，其鏈上交易活躍度遠低於加密貨幣，主要原因在於缺乏流動性池與定價機制。MakerDAO 已嘗試接受房地產代幣作為 Dai 的抵押物，但風險對沖算法尚未成熟。創業者可通過以下路徑切入：

動態抵押池：開發基於機器學習的風險評估模型，即時調整抵押率與利率。

收益聚合器：將美債代幣與 DeFi 借貸協議聯動，通過算法匹配最優收益率。例如，Ondo Finance 的 US Treasury 代幣已實現年化 4.2% 的收益，若與 Aave 等借貸協議整合，可進一步提升收益。

13.2.2. 數據預言機：資產錨定與風險定價的基石

1. 資產驗證型預言機：鏈下數據的可信上鏈

RWA 的價值依賴於鏈下數據的真實性。無論是房價波動、大宗商品價格，還是企業經營數據，均需通過預言機即時傳輸至鏈上。Chainlink 與 Redstone 的去中心化預言機網絡已廣泛應用於 DeFi，但在 RWA 場景中仍面臨數據源單一、隱私保護不足等問題。例如，Redstone 通過聚合多個數據源（如交易所、API）提供價格預言機，但尚未針對 RWA 的非標資產（如房地產、碳積分）進行深度優化。創業者可從以下方向發力：

多源數據聚合：開發支持衛星、IoT、政府資料庫等異構數據源的預言機中間件。

隱私保護驗證：利用零知識證明技術，在鏈上驗證資產狀態的同時，隱藏敏感信息（如企業具體地址）。

2. 行業專用預言機：非標資產的定價難題

RWA 的複雜性在於資產類型的多樣化。碳足跡追蹤、醫療數據定價、農業產量預測等場景，均需定制化預言機解決方案。創業者可結合垂直行業需求，開發專用預言機：

碳足跡追蹤：對接政府監測平台 API，即時生成碳配額數據。

農業產量預測：整合氣象數據與土壤感測器監測數据等，構建農作物產量模型。

3. AI 增強型預言機：動態風險定價的未來

傳統預言機多依賴靜態數據源，難以應對市場波動與風險變化。Goldfinch 的供應鏈金融協議雖通過 DeFi 實現中小企業貸款，但其 9.3% 的逾期率暴露出定價模型的不足。AI 增強型預言機則能通過動態分析解決這一問題：

即時風險評估：輸入企業經營數據、行業趨勢等變數，輸出信貸代幣的浮動利率。

預測市場集成：結合鏈上交易數據與鏈下經濟指標，預測資產價格波動。

13.2.3. 合規服務商：監管科技與跨境框架的護航者

1. 監管科技（RegTech）工具：自動化合規流程

RWA 的合法性依賴於嚴格的合規框架。從 KYC/AML 審查到證券註冊，機構需應對複雜的監管要求。Securitize 為貝萊德 BUIDL 基金提供的合規插件，已實現自動攔截非白名單地址交易。創業者可聚焦以下方向：

智能合約合規插件：開發模組化合規工具包，支持自動執行 KYC/AML 規則。

ESG 合規引擎：構建碳排放數據追蹤系統，自動生成綠色資產評級報告。

2. 跨境合規框架：打通地緣壁壘

RWA 的全球化佈局需解決跨境合規難題。例如，內地 - 香港雙合規通道通過聯盟鏈確權與穩定幣發行，已成功應用於農業供應鏈融資；海南數據跨境試驗田則試點 RWA 數據出境白名單機制。創業者可通過以下路徑切入：

離岸美元合規：幫助亞洲機構發行符合美國法案規定的穩定幣，需對接美託管銀行。

區域合規沙盒：利用新加坡 Project Guardian 或香港 Ensemble 沙盒，測試跨境代幣化資產交易。

3. ESG 合規科技：綠色金融的剛需賽道

隨着全球碳中和目標的推進，碳數據 RWA 化成為重要趨勢創業者可結合 IoT 數據與區塊鏈技術，開發以下解決方案：

碳資產評級：通過電站發電量、碳排放強度等指標，生成綠電代幣信用評級。

碳數據市場：搭建碳交易所 API 界面，實現碳積分的即時交易與結算。

13.2.4. 創業地圖：高潛力賽道與代表項目

高潛力賽道與代表項目

賽道	核心價值	代表項目 / 技術	市場規模
RWA 跨鏈協議	降低多鏈資產轉移成本	Chainlink CCIP、Polyhedra	截至 2025 年 4 月，全球鏈上 RWA 資產總價值已突破 220 億
行業專用預言機	解決非標資產定價難題	生納 AI 模型、VitaDAO	預言機市場 2030 年有望達到 231 億美元
合規即服務（CaaS）	縮短 RWA 產品上市週期	Securitize、生納 RegTech	監管科技市場年增速 40%+

13.2.5. 行動建議：不同背景創業者的切入路徑

1. 技術開發者：聚焦底層創新

ZK 驗證層優化：提升零知識證明的生成效率，降低硬件成本。例如，開發支持 GPU 加速的 ZK 證明生成工具。

DeFi-RWA 橋接協議：構建流動性聚合器，連接美債代幣與借貸市場。參考螞蟻鏈「雙鏈架構」，用輕量級解決方案降低中小機構上鏈成本。

2. 領域專家：深耕垂直場景

垂直行業數據模型：開發光伏電站收益預測預言機，或農業產量預測算法。

合規模板庫：為法律從業者提供 SEC Form D 檔自動生成工具，降低合規成本。

3. 資源整合者：搭建生態橋樑

RWA 資產發行平台：連接地方國資與海外發幣主體，提供一站式代幣化服務。

ESG 數據市場：整合碳交易所 API，搭建碳積分交易撮合平台。

但同時，RWA 創業需平衡三大核心挑戰：

技術可行性：ZK 證明生成耗時、跨鏈延遲等問題需通過算法優化解決。

監管套利風險：離岸穩定幣合規邊界模糊，需優先選擇監管沙盒場景（如海南、新加坡）。

資產真實性：防偽物聯網感測器、數據驗證鏈等技術是防範虛假資產的關鍵。

13.2.6. 小結

RWA 的浪潮不僅是技術的革新，更是產業邏輯的重構。從跨鏈協議到 AI 預言機，從碳積分定價到合規科技，每一個細分領域都蘊含着顛覆性機會。對於創業者而言，真正的挑戰不在於技術的複雜性，而在於能否洞察行業的深層需求，並以創新的方式將其轉化為可落地的解決方案。正如貝萊德 CEO 拉裏· 芬克所言：「代幣化是金融市場未來。」在這場變革中，唯有主動擁抱技術、深挖場景、敬畏監管的創業者，方能在這片藍海中佔據先機，成為 RWA 時代的定義者。

13.3. 個人投資者：全球稅務籌劃與資產組合構建

在數碼經濟與金融創新的雙重驅動下，個人投資者正面臨前所未有的機遇與挑戰。2025 年，全球稅務規則的演變與 RWA（Real World Assets，現實世界資產）的崛起，為跨境資產配置提供了全新的邏輯框架。本文將以稅務籌劃為核心，結合 RWA 的實踐路徑，為個人投資者繪製一條從合規到增值的財富重構路線圖。

13.3.1. 稅務居民身份：全球化佈局的起點

在全球最低稅規則（BEPS 2.0）與 CRS（共同申報準則）的背景下，稅務居民身份的規劃已從「被動申報」轉向「主動設計」。中國稅務居民若直接持有海外資產，需就全球所得繳納 20% 的個人所得稅，而通過稅收協定（DTAs）與低稅區架構，可顯著降低稅負。例如，持有新加坡上市公司股票的中國居民，若能申請《稅收居民身份證明》，其股息預提稅可從 10% 降至 5%；若進一步將稅務居民身份遷移至葡萄牙或泰國，還可享受屬地徵稅政策——僅對境內收入徵稅，海外資產收益免稅。

實操案例：一位深圳企業家通過葡萄牙稅務身份持有美國科技公司股權，其股息收益無需繳納中國個稅，同時利用葡萄牙的「非慣常居民」政策，每年僅需在境內居住 183 天以下，即可維持低稅身份。這種身份遷移並非簡單的「避稅」，而是通過合法規則設計，將資產流動路徑嵌入全球稅務網絡。

13.3.2. RWA 的崛起：實體資產的數碼化革命

RWA 的本質是通過區塊鏈技術將實體資產（如房地產、新能源設備、碳積分）轉化為可交易的數碼通證，從而打破傳統資產的流動性壁壘。2025 年，全球 RWA 市場規模預計突破 16 萬億美元，而中國通過「海南數據 + 香港資本」的模式，已率先完成標準化探索。例如，海南自貿港試點的數據跨境流通機制，允許光伏電站發電量數據經區塊鏈上鏈後，作為綠色債券的底層資產；而香港《穩定幣條例草案》則為 RWA 的資本通道提供了合規框架。

稅務優化視角：RWA 的代幣化特性天然契合跨境稅務籌劃。以碳積分交易為例，歐盟碳配額（EUA）期貨在新加坡交易所的交易免征所得稅，而通過 RWA 協議（如 Molecule），個人投資者可直接持有碳積分代幣，規避傳統碳交易市場的中介成本與稅負。此外，RWA 的碎片化特性（如將價值千萬的寫字樓分割為 10 萬份代幣）使小額投資者得以參與高價值資產，同時通過智能合約自動分配收益，減少人工清算的稅務複雜性。

13.3.3. 合規架構：從家族信託到離岸實體

在 RWA 的生態中，合規架構的設計成為稅務優化的核心工具。家族信託與離岸實體不僅能實現資產保護，還能通過「稅基隔離」降低整體稅負。例如，BVI（英屬維爾京羣島）與開曼羣島的信託架構，因其無所得稅政策，常被用於持有海外股權或 RWA 資產。當中國居民通過開曼信託持有光伏電站 RWA 代幣時，其減持收益無需繳納中國個稅，而信託本身亦無需向開曼政府繳稅。

風險與平衡：儘管離岸架構能提供稅務優勢，但需警惕「激進避稅」的法律風險。2025 年《中國財政預算案》已強化對虛假離岸架構的審查，違規者可能面臨 300% 的罰款。因此，投資者需在架構設計中嵌入「合理性」——例如，通過實際業務需求（如東南亞市場拓展）設立離岸實體，而非單純追求稅負減免。

13.3.4. 動態稅務風險管理：應對全球規則變化

全球稅務規則的動態性要求投資者具備前瞻性思維。以支柱二（Global Minimum Tax）為例，2025 年起，香港與新加坡對大型跨國企業徵收 15% 的補足稅，個人控股公司若歸屬集團營收超 7.5 億歐元，需重新評估稅負結構。此時，RWA 的「資產分散」特性成為應對策略——通過設立多個實體（如新加坡家族辦公室與愛爾蘭 IP 控股公司），將資產分散至不同司法管轄區，避免納入單一集團的合併報表。

CRS 與 FATCA 的挑戰：海外金融帳戶餘額超 100 萬美元需主動申報，隱瞞可能導致帳戶凍結。對此，投資者可通過非 CRS 參與國（如菲律賓）的銀行帳戶持有非敏感資產，同時利用 RWA 的「鏈上透明」特性，通過區塊鏈存證滿足監管要求。例如，持有馬陸葡萄 RWA 代幣的投資者，其農業數據資產在區塊鏈上的可追溯性，可有效配合稅務機關的審查。

13.3.5. 新質生產力時代的投資組合：綠色與科技的雙輪驅動

在 RWA 的框架下，個人投資者的資產組合需兼具「綠色屬性」與「科技動能」。綠色資產（如碳積分、綠色債券）不僅符合全球碳中和趨勢，還享有政策紅利。例如，香港發行的首單 8 億港元綠色債券，因政府擔保與免稅政策，成為低風險高收益的配置選擇。而科技股權（如 AI 產業鏈）則通過 RWA 的碎片化特性，降低了參與門檻。英偉達與 AMD 的股票通過中美稅收協定，其股息預提稅可降至 10%，而通過 RWA 協議（如 Goldfinch），個人投資者可直接持有供應鏈金融代幣，獲取中小企業貸款的浮動利率收益。

13.3.6. 小結

全球稅務籌劃的本質，是通過規則設計重構資產的流動路徑，而非追求零稅負的烏托邦。在 RWA 的浪潮中，個人投資者需以「合規為錨，創新為帆」，將稅務優化與資產增值有機結合。通過稅務居民身份的靈活遷移、RWA 的碎片化配置、離岸架構的合理設計，以及動態稅務風險的前瞻性管理，投資者不僅能規避法律風險，更能在 16 萬億美元的 RWA 藍海中，捕捉長期複利增長的機遇。

後記：
Web3 金融的終極願景：讓價值流動無國界

在本書的撰寫過程中，我們始終追問一個問題：當區塊鏈技術從「虛擬資產」轉向「現實資產」代幣化時，人類是否正在構建一種全新的金融基礎設施？答案無疑是肯定的。RWA（現實世界資產）的崛起，不僅是一場技術革命，更是一次關於信任、效率與全球化的範式重構。

本書從預言機到零知識證明的技術底層出發，揭示了 RWA 代幣化的技術邏輯。然而，技術本身並非萬能鑰匙。貝萊德 BUIDL 基金的成功，不僅依賴於智能合約的自動化清算能力，更在於其通過開曼 SPV 架構規避了跨境交易中的法律衝突。這種「技術理性」與「監管智慧」的平衡，正是 RWA 時代財富管理的核心命題。

以馬陸葡萄 RWA 項目為例，其通過「雙鏈架構」實現了境內數據本地化與跨境流通的協同。境內鏈存儲原始數據，交易鏈則通過香港 Ensemble 沙盒實現 NFR 與港元穩定幣的兌換。這一設計不僅符合《數據安全法》的要求，還通過 SPV 架構優化了跨境收益的稅務結構。這種「技術適配監管」的思維，為全球 RWA 項目提供了可複製的合規路徑。

傳統金融中，資產流動性受限於地域、法律與機構壁壘。RWA 的出現，則通過跨鏈互操作、CBDC 整合與 AI 估值模型，打破了這些障礙。例如，新加坡項目 Guardian 的 UAI 編碼技術，解決了 53 條區塊鏈的資產互認問題；而螞蟻鏈「Antchain Inside」方案通過物聯網設備直連區塊鏈，將充電樁運營數據即時上鏈驗證，數據上鏈成本降低

30%。這些技術突破，正在將「資產孤立」轉化為「生態協同」。

更值得關注的是 Centrifuge 平台的應收賬款證券化實踐。通過動態抵押率管理與智能合約自動清算，該平台將傳統應收賬款的周轉週期從 60-90 天縮短至即時變現，資金利用率提升顯著。這種「鏈上 - 鏈下協同驗證」的模式，為中小企業融資提供了低成本、高效率的解決方案。

Web3 金融的終極願景，是讓價值流動無國界。這一願景的實現，不僅需要機構投資者的佈局，更依賴於普通人的參與。例如，東南亞房地產碎片化投資通過曼谷 CBD 公寓代幣化，將單套公寓拆分為 1000 份代幣，每份起投金額僅 1000 美元，顯著降低了投資門檻。這種「百元級全球配置」的模式，使個人投資者能夠以較低成本參與全球資產配置。

與此同時，創業者也在 RWA 領域構建「協議 + 數據 + 合規」的護城河。例如，Analog 開發的抗 MEV 預言機，通過拜占庭容錯共識機制，解決了高頻交易者操縱大宗商品價格數據的問題，使價格操縱事件發生率下降 95%。這種技術與合規的融合，正在重塑全球資產流通的底層邏輯。

儘管 RWA 的前景廣闊，但挑戰依然存在。技術層面，量子計算對簽名算法的威脅正在浮現，行業正探索零知識證明（ZKP）與抗量子簽名算法的結合應用。監管層面，歐盟 MiCA 法案與美國 SEC 的審查，可能對離岸 RWA 模式形成衝擊。此外，數據標準化與隱私保護的平衡，仍是 RWA 生態發展的關鍵議題。

然而，這些挑戰恰恰預示着 Web3 金融的進化方向。正如貝萊德 CEO Laurence Fink 所言：「代幣化基金是下一個十年的金融基礎設施，但其成功取決於技術、合規與市場的三重共振。」當代碼邏輯與法律契約深度綁定，當技術防禦與經濟激勵無縫銜接，全球資產的數碼化流通才能真正實現無國界、無摩擦的未來願景。

本書不僅是對 RWA 技術與合規的系統性梳理，更是一份行動指南。無論是機構投資者、創業者、監管者，還是普通用戶，都可以從中找到屬於自己的位置。當區塊鏈成為資產流通的默認基礎設施，合規能力就是新時代的石油，數據可靠性則是硬通貨。

願每一位讀者都能在 Web3 金融革命的浪潮中，找到屬於自己的答案，並共同書寫這個時代的篇章。

*注：本書所有案例與數據均基於真實事件與公開資料整理，部分細節因商業機密或隱私保護需求略有調整。

Web3金融革命：
從PRE-RWA到RWA的全球資產通證化實戰

作　　者：吳大有
責任編輯：岑明聰　喻澤凱　陳偉慈
封面設計：張　英
出版發行：聯合電子出版有限公司
電話：2597 8415
傳真：2529 8388
電郵：info@suep.com
地　　址：香港九龍長沙灣永康街 77 號環薈中心 1011 室
印　　刷：美雅印刷製本有限公司
售　　價：港幣 128 元
版　　次：2025 年 7 月繁體中文第 1 版
國際書號：ISBN 978-988-8909-38-4

* 專屬福利

掃描本頁二維碼，即可線上預購並鑄造你的專屬 NFT、探索讀者空間及咨詢 AI 智能體

持有者將優先參與作者閉門研討會，獲取 RWA 白皮書及孵化項目投資機會。

未來已來，唯變不變。

AI 智能體：

掃碼即可咨詢 RWA 相關問題及更多案例

專屬 NFT：

掃碼即可共同參與 WEB3 金融革命 NFT 鏈造和元界社區互動

讀者空間：

掃碼即可跳轉 WEB3 金融革命元宇宙空間